# 生鲜乳

## 常用检测技术问答

方 芳　郑君杰　主编

中国农业科学技术出版社

**图书在版编目（CIP）数据**

生鲜乳常用检测技术问答 / 方芳，郑君杰主编 . —北京：中国农业科学技术出版社，2020. 5

ISBN 978-7-5116-4670-5

Ⅰ. ①生…　Ⅱ. ①方…②郑…　Ⅲ. ①鲜乳-食品检验-问题解答　Ⅳ. ①TS252. 7-44

中国版本图书馆 CIP 数据核字（2020）第 050109 号

**责任编辑**　张国锋
**责任校对**　李向荣

**出 版 者**　中国农业科学技术出版社
　　　　　北京市中关村南大街 12 号　邮编：100081
**电　　话**　(010)82106636(编辑室)　(010)82109702(发行部)
　　　　　(010)82109709(读者服务部)
**传　　真**　(010)82106631
**网　　址**　http://www.castp.cn
**经 销 者**　各地新华书店
**印 刷 者**　北京富泰印刷有限责任公司
**开　　本**　850mm×1 168mm　1/32
**印　　张**　4. 75
**字　　数**　130 千字
**版　　次**　2020 年 5 月第 1 版　2020 年 5 月第 1 次印刷
**定　　价**　30. 00 元

# 《生鲜乳常用检测技术问答》
## 编写人员名单


**主　编**　方　芳　郑君杰

**副主编**　孙志伟　贾　涛　李　征

**编　者**　方　芳　郑君杰　孙志伟　贾　涛　李　征

# 前　言

2016年底农业部（现“农业农村部”）、国家发改委、工业和信息化部、商务部和国家食药监联合印发《全国奶业发展规划（2016—2020）》，首次明确了我国奶业在国民经济发展中的定位：“奶业是健康中国、强壮民族不可或缺的产业，是食品安全的代表性产业，是农业现代化的标志性产业，是一二三产业协调发展的战略产业”。2018年6月国务院办公厅《关于加快推进奶业振兴和保障乳品质量安全的意见》中要求，必须加快推进奶业振兴，提升乳品的质量安全水平。生鲜乳作为液体乳、乳粉和其他乳制品的源头，其质量好坏直接影响着乳品安全。

近年来，在各级农业行政管理部门的共同努力下，我国奶业供给侧改革深入推进，生鲜乳生产、运输、收购各环节质量安全监督管理和监测工作得到全面加强，生鲜乳质量安全水平得到显著提升，为保障上市乳品质量安全奠定了基础，国产奶放心喝的目标已经初步实现。为满足广大基层单位开展生鲜乳质量安全检测工作的实际需要，进一步提高实际检测技术水平，尽早满足人民美好生活对优质牛奶的需求，北京市饲料监察所组织编写了这本《生鲜乳常用检测技术问答》。该书立足于区县级农产品质量安全检测机构、奶牛养殖场、生鲜乳收购站检测技术人员的实际需求，依据相关最新国家标准资料，结合多年开展生鲜乳质量安全检测和基层培训经验，以问答的方式系统地解答了生鲜乳检测基本概念和基础知识，涵盖了样品采集方法、样品保存方法、常见理化、安全、微生物等三类指标及意义、检测方法及注意事项、常用仪器设备及使用保养等，同时将生鲜乳质量安全相关法律法规附后，内容紧密结合基层生鲜乳检测工作实际需要，既可以作为开展生鲜乳质量安全检测技术培训的参考教材，也可作为相关人员开展检测技术工作的实操手册，文字通俗易懂，言简意赅，实用性和技术性较强。

由于时间仓促，加之编者水平有限，本书在编写过程中难免有疏漏之处，敬请广大读者批评指正。

编　者

**2019 年 12 月**

# 目　　录

# 一、生鲜乳样品准备

## （一）生鲜乳样品采集注意事项主要有哪些？

### 1. 采样需要什么设备？

（1）铲斗和搅拌器

一般来说，生鲜乳的采样工具应使用洁净的不锈钢或塑料液态乳铲斗。对于没有机械搅拌设备的贮奶罐，采用人工搅拌器进行搅拌。通常贮奶罐或奶罐车都配有电动搅拌装置，采样时提前5min启动，就能将样品搅拌、混合均匀。

（2）采样容器

采样容器应采用玻璃或塑料瓶，容积一般不小于100mL，或者根据检测时的样品用量，进行适当增减（如50mL DHI采样瓶），但应保证容器洁净无污染。塑料瓶较为轻便，在条件允许的情况下，还可以一次性使用。玻璃瓶虽然沉重，但可以高温、高压灭菌，尤其适用于样品中微生物指标检测前的采样。

### 2. 如何采集生鲜乳样品？

如果要从生鲜乳收购站的贮奶罐中采样，采样前应先开动机械式搅拌装置，搅拌至少5min。对于生鲜乳运输车的贮奶罐，可以提前开动搅拌装置5min，也可在采样前用人工搅拌器探入罐底，采取从下至上的方式反复搅拌 30 次以上。

样品充分搅拌混匀后，用液态乳铲斗从表面、中部、底部三点采样，每个点各采集 1L。将这 3 个点采集到的样品混合至 4L 的塑料容器中，充分混合均匀后，根据需要用采样瓶分装 3~5 份，每份不少于 100mL。

### 3. 样品怎样保存与运输?

生鲜乳样品采集后采用保温箱，内加冷媒或冰袋运输。可以根据检测指标需要添加防腐剂。运输过程中保持保温箱内温度不高于 4℃，24h 内抵达检测单位。如果不能保证 24h 抵达，必须根据检测指标的要求，正确使用当地冰柜、冰箱等设备冷藏或冻存。留给被检单位的样品，也应该根据检测指标的要求，正确使用冰箱、冰柜 4℃冷藏或-20℃冷冻保存。

## （二）生鲜乳样品如何进行前处理?

### 1. 检测污染物的生鲜乳样品如何保存?

(1) 铅、汞、砷、铬

检测铅、汞、砷、铬含量的生鲜乳样品，若样品经过 0~6℃冷藏保存，冷藏时间不应超过 48h；若样品经过冷冻（-20℃左右）保存，冷冻时间不应超过 30 天，复温温度不应超过 60℃，解冻次数不应超过 5 次；不应添加重铬酸钾作为防腐剂，如有必要可添加硫氰酸钠、叠氮钠、溴硝丙二醇或甲醛作为防腐剂（表 1）。

**表 1　每千克生鲜乳推荐的防腐剂添加量**

| 防腐剂名称 | 添加量，mg |
|---|---|
| 硫氰酸钠 | 15 |

（续表）

| 防腐剂名称 | 添加量，mg |
|---|---|
| 重铬酸钾 | 600 |
| 叠氮钠 | 400 |
| 溴硝丙二醇 | 200 |
| 甲醛 | 500 |

防腐剂均为分析纯

配合过氧化氢一起使用，1kg 生鲜乳同时添加 15mg 硫氰酸钠和 27μL $H_2O_2$ 溶液（30%）。

叠氮钠毒性很强，操作时需谨慎；剩余的叠氮钠溶液，可利用 10%次氯酸钠溶液（可加入少量氧化钠）进行无害化处理

（2）亚硝酸盐

检测亚硝酸盐含量的生鲜乳样品，若样品经过 0~6℃冷藏保存，冷藏时间不应超过 48h；若样品经过冷冻（-20℃左右）保存，冷冻时间不应超过 7 天，复温温度不应超过 60℃，不应反复冻融；不应添加硫氰酸钠、叠氮钠、重铬酸钾或甲醛作为防腐剂，如有必要，可添加溴硝丙二醇作为防腐剂（表 1）。

### 2. 检测真菌毒素的生鲜乳样品如何保存？

检测真菌毒素（黄曲霉毒素 $M_1$）含量的生鲜乳样品，若样品经过 0~6℃冷藏保存，冷藏时间不应超过 48h；若样品经过冷冻（-20℃左右）保存，冷冻时间不应超过 30 天，复温温度不应超过 60℃，解冻次数不应超过 5 次；如有必要可添加硫氰酸钠、叠氮钠、重铬酸钾、溴硝丙二醇或甲醛作为防腐剂（表 1）。

### 3. 检测菌落总数的生鲜乳样品如何保存？

检测微生物（菌落总数）含量的生鲜乳样品应在冷藏状态（0~6℃）下 24h 之内进行测定。

## 4. 检测违禁添加物的生鲜乳样品如何保存?

（1）三聚氰胺

检测三聚氰胺含量的生鲜乳样品，若样品经过0~6℃冷藏保存，冷藏时间不应超过48h；若样品经过冷冻（-20℃左右）保存，冷冻时间不应超过30天，复温温度不应超过60℃，解冻次数不应超过5次；如有必要可添加硫氰酸钠、叠氮钠、重铬酸钾、溴硝丙二醇或甲醛作为防腐剂（表1）。

（2）碱类物质

检测碱类物质含量的生鲜乳样品，若样品经过0~6℃冷藏保存，冷藏时间不应超过48h；若样品经过冷冻（-20℃左右）保存，冷冻时间不应超过30天，复温温度不应超过60℃，解冻次数不应超过3次；不应添加溴硝丙二醇作为防腐剂，如有必要可添加硫氰酸钠、叠氮钠、重铬酸钾或甲醛作为防腐剂（表1）。

（3）硫氰酸钠

检测硫氰酸钠含量的乳样品，若经过0~6℃冷藏保存，冷藏时间不应超过48h；若样品经过冷冻（-20℃左右）保存，冷冻时间不应超过30天，复温温度不应超过60℃，解冻次数不应超过5次；不应添加硫氰酸钠、溴硝丙二醇或甲醛作为防腐剂，如有必要可添加叠氮钠或重铬酸钾作为防腐剂（表1）。

（4）皮革水解物

检测皮革水解物含量的生鲜乳样品，若样品经过0~6℃冷藏保存，冷藏时间不应超过48h；若样品经过冷冻（-20℃左右）保存，冷冻时间不应超过30天，复温温度不应超过60℃，解冻次数不应超过5次；如有必要，可添加硫氰酸钠、叠氮钠、重铬酸钾、溴硝丙二醇或甲醛作为防腐剂（表1）。

（5）β-内酰胺酶

检测β-内酰胺酶的生鲜乳样品，若样品经0~6℃冷藏保存，冷藏时间不应超过 48h；若样品经过冷冻（-20℃左右）保存，冷冻时间不应超过 30 天，复温温度不应超过 60℃，解冻次数不超过 5 次；不应添加叠氮钠或重铬酸钾作为防腐剂，如有必要可添加硫氰酸钠、溴硝丙二醇或甲醛作为防腐剂（表 1）。

# 二、生鲜乳主要检测指标及其意义

## （一）生鲜乳主要常规理化指标包括哪些？有何检测意义？

### 1. 冰点

物质在一定压力下等条件由液态变为固态的温度，称之为凝固点，生鲜乳的凝固点也习惯称之为冰点。生鲜乳的冰点是一个不确定的温度，因为生鲜乳中含有大量的无机盐、蛋白质、脂肪。所以生鲜乳冰点的变化与生鲜乳中成分和密度有密切的关系。以荷斯坦奶牛所产生鲜乳为例，正常生鲜乳的冰点在−0.500～−0.560℃。

检测意义：生鲜乳中水分占85.5%～88.7%。其冰点随水分及其他成分含量变化而变化，如果掺入水或其他杂质，其冰点就会发生明显变化。因此，检测生鲜乳冰点可作为其中是否掺水掺杂等的手段。

### 2. 酸度

生鲜乳酸度=自然酸度+发酵酸度。自然酸度：新鲜的生鲜乳本身就具有一定的酸度，这种酸度主要由奶中的蛋白质、柠檬酸盐、磷酸盐及二氧化碳等酸性物质所构成，称之为自然酸度。发酵酸度：生鲜乳在被挤出后的存放过程中，由于微生物的活动，分解乳糖产生鲜乳酸，从而造成生鲜乳酸度的升高，这种因发酵而升高的酸度称为发酵酸度。自然酸度与发酵酸度之和称为总酸度，通常所说的生鲜乳酸度就是总酸度。荷斯坦奶牛所产生鲜乳酸度正常范围为16~18°T，羊乳酸度正常范围为6~13°T。

检测意义：正常情况下，新鲜挤出的生鲜乳呈弱酸性。如果酸度偏高，说明生鲜乳受微生物影响的程度更高；酸度偏低，则表示生鲜乳更新鲜。所以，酸度是一个代表生鲜乳新鲜程度的理化指标之一，通过它可以评判出生鲜乳的新鲜程度。

### 3. 乳脂

乳脂是生鲜乳的重要成分，是一种高质量的天然脂肪，消化率高达98%，而且含有大量的脂溶性维生素。

检测意义：乳脂中含有人体必需的亚麻酸、花生油酸及多种脂溶性维生素、磷酯类等，因此乳脂率是衡量生鲜乳质量高低的主要指标之一，含量一般为3%~5%。

### 4. 乳蛋白

乳蛋白是生鲜乳中最重要的成分之一，乳蛋白中蛋白质种类多样，成分繁多，是一种优质的完全蛋白，主要可分为酪蛋白、乳清蛋白，同时还有少量的脂肪球膜蛋白等。

检测意义：乳蛋白是生鲜乳中最主要的营养指标，生鲜乳中蛋白质含量为2.8%~3.8%，其中95%是乳蛋白，5%为非蛋白态氮。

### 5. 乳糖

乳糖是二糖的一种，分子式是 $C_{12}H_{22}O_{11}$，是在哺乳动物乳汁中的双糖，因此而得名。它的分子结构是由一分子葡萄糖和一分子半乳糖缩合形成，味微甜。

检测意义：乳糖在生鲜牛乳中的平均含量为4.6%~4.7%。

乳糖经乳糖酶消化后形成葡萄糖和半乳糖，为人类提供营养、提供能源，是衡量生鲜乳品质高低的重要指标。

### 6. 非脂乳固体

非脂乳固体，指生鲜乳中除了脂肪（一般的刚从奶牛乳房中挤出的鲜牛乳的脂肪含量为3%左右，根据季节不同略有区别）和水分之外的物质总称。非脂乳固体的主要组成为：蛋白质类（2.7%~2.9%）、糖类、酸类、维生素类等。生鲜牛乳的非脂乳固体一般为9%~12%。

检测意义：非脂乳固体含量是判断乳制品营养价值的重要指标。生鲜乳原料品质较差或生产工艺控制不严，生产过程中标准化和均质两个工艺参数控制不严等可能导致非脂乳固体含量偏低。

### 7. 体细胞

指每毫升牛奶中的体细胞总数，其中多数是白细胞（即巨噬细胞、嗜中性白细胞和淋巴细胞），占奶牛体细胞数的98%~99%，其他1%~2%的体细胞是乳腺组织脱落的上皮细胞。

检测意义：体细胞数与乳品质量关系密切。体细胞数过高，将使生鲜乳中的非脂乳固体含量下降，影响杀菌效果，使产品保质期缩短，并容易失去乳制品原有的风味。体细胞数还可反映奶牛乳房炎发病率和牛群健康状况。

### 8. 乳密度

指20℃生鲜乳与4℃水同容积的质量比。正常牛乳的相对密度值（20/20℃）为1.028~1.032。

检测意义：往生鲜乳中掺水简便易行，因而是一种十分普遍的掺假行为，其后果是导致生鲜乳的浓度降低，重量增加而牟利。通过相对密度法测定生鲜乳的相对密度值，就可以判断生鲜乳是否加水。

### 9. 杂质度

杂质度是指生鲜乳中含有的杂质的量，是衡量生鲜乳质量的重要指标。在 GB 19301—2010《生乳》中明确规定生鲜乳的杂质度必须小于等于 4.0 毫克/千克。

检测意义：杂质度检测主要是检查生鲜乳在生产及运输的过程中是否带入了草、沙及灰尘等异物。

## （二）生鲜乳主要安全指标包括哪些？有何意义？

### 1. 三聚氰胺

英文：Melamine，化学式：$C_3N_3(NH_2)_3$，俗称密胺、蛋白精，IUPAC 命名为“1,3,5-三嗪-2,4,6-三胺”，是一种三嗪类含氮杂环有机化合物，被用作化工原料。它是白色单斜晶体，几乎无味，微溶于水（3.1g/L 常温），可溶于甲醇、乙酸、热乙二醇、甘油、吡啶等，不溶于丙酮、醚类、对身体有害，不可用于食品加工或食品添加物。

检测意义：在生鲜乳中添加三聚氰胺能够提高其蛋白质含量检测值（检测方法中通常用所测样品的含氮量按一定系数推算蛋白质含量），但不能真正提高乳蛋白含量。不法人士在生鲜乳中添加三聚氰胺，目的是以次充好，牟取暴利。动物长期摄入三聚氰胺会导致生殖、泌尿系统的损害，造成膀胱、肾部结石，并进一步诱发膀胱癌。自 2008 年 9 月 14 日起，三聚氰胺被纳入国家监测指标之一，成为生鲜乳必检项目之一。

**2. L-羟脯氨酸**

英文名称为 L-Hydroxyproline，化学式为 $C_5H_9NO_3$。L-羟脯氨酸通常作为一种增味剂、营养强化剂、香味料，主要用于果汁、清凉饮料、营养饮料等，也用作生化试剂。

检测意义：检测 L-羟脯氨酸是为了检测生鲜乳中是否添加了皮革水解蛋白。皮革水解蛋白是由皮革废料或动物皮毛、脏器等水解生成的一种蛋白粉，将其掺入牛奶或奶粉中可提高蛋白质的含量。严格来说“皮革水解蛋白粉”对人体健康并无伤害，其前提条件是所用皮革必须是未经鞣制、染色等人工加工处理过的。然而，这样的“皮革水解蛋白粉”是不存在的，因为经过鞣制、染色等人工加工处理过的皮革比直接制作成“蛋白粉”利润要高得多，因而“皮革水解蛋白粉”多用皮革厂制作服装、皮鞋后的下脚料来生产，自然这种“蛋白粉”中混进了大量皮革鞣制、染色过程中添加进来的重铬酸钾（可用来检验酒精浓度）和重铬酸钠等有毒物质。如果长期食用含有“皮革水解蛋白粉”的食物，对人体就会产生很大伤害。L-羟脯氨酸是动物胶原蛋白中的特有成分，在乳酪蛋白中则没有，所以一旦检出，则可认为含有皮革水解蛋白。

**3. β-内酰胺酶**

β-内酰胺酶是耐药细菌针对内酰胺类抗生素分泌的一类酶，可以与β-内酰胺环结合，使β-内酰胺环裂解而被破坏，失去抗菌活性，是这类细菌耐药的主要原因。β-内酰胺酶作为酶制剂，其毒理学危害研究得并不透彻，从某种意义上讲，高纯度的β-内酰胺酶本身并不具有危害性，即使偶然食用，其在胃酸的作用下也会很快失活。由于市场上的酶制剂纯度都不高，且该酶的生产工艺要经过细菌培养、提纯制备，所以潜在的危险还不是很清楚。β-内酰胺酶催化青霉素分解生成的青霉噻唑酸，是引起人体青霉素过敏的主要因素。

检测意义：在生鲜乳中添加β-内酰胺酶可分解生鲜乳中残留的β-内酰胺类抗生素，能够掩盖生鲜乳中抗生素的含量，它本身以及分解抗生素后的产物会对人体的健康构成潜在危害。

### 4. 硫氰酸根

$SCN^-$是硫及其化合物的代谢降解产物。生鲜乳中硫氰酸根的主要存在形式为硫氰酸钠，它是一种白色结晶固体，易溶于水、乙醇、丙酮，熔点287℃时分解出硫化物、氮化物和氰化物，能与酸和强氧化剂反应，水溶液呈中性。

检测意义：在生鲜乳中添加硫氰酸钠后可以起到抑菌作用，达到保鲜作用，但是硫氰酸根（$SCN^-$）能抑制人体内碘的转移，从而引起甲状腺肿。$SCN^-$还具有重要的生理药理作用，它可通过硫氰酸氧化酶转化$CN^-$，不能通过临床加以排出，所以过量食用$SCN^-$可引起$CN^-$中毒，因此检测生鲜乳中的硫氰酸根具有重要意义。

### 5. 黄曲霉毒素$M_1$

黄曲霉毒素$M_1$主要存在于牛乳中，这主要是由于奶牛摄取了被黄曲霉毒素$B_1$污染的饲料而代谢产生的。黄曲霉毒素是一类化学结构类似的剧毒物质化合物，均为二氢呋喃香豆素的衍生物，在湿热地区食品和饲料中出现黄曲霉毒素的概率最高，存在于土壤、动植物、各种坚果中，特别是容易污染花生、玉米、稻米、大豆、小麦等粮油产品，是霉菌毒素中毒性最大、对人类健康危害极为突出的一类霉菌毒素。而黄曲霉毒素$M_1$作为其中的一种，也具有较强的毒性与致癌性。

检测意义：黄曲霉毒素$M_1$进入人体后，除抑制DNA、RNA合成外，也抑制肝脏蛋白质合成，导致人体中毒，损害组织器官，致癌、致畸、致突变，因此，黄曲霉毒素 $M_1$ 也是生鲜乳及乳制品中必检项目。

**6. 亚硝酸盐**

一类无机化合物的总称，主要指亚硝酸钠。亚硝酸钠为白色至淡黄色粉末或颗粒状，味微咸，易溶于水，外观及滋味都与食盐相似，并在工业、建筑业中广为使用，肉类制品中也允许作为发色剂限量使用。亚硝酸盐本身并不致癌，但在烹调或其他条件下，肉品内的亚硝酸盐可与氨基酸降解反应，生成有强致癌性的亚硝胺。

正常情况下，因为牛瘤胃微生物有分解、利用作用，所以一般生鲜乳中不会出现亚硝酸盐超标。出现超标的原因可能来源于奶牛所吃的饲料和饮水。有些青料在堆积、发热后会产生亚硝酸盐，故收购的青料要及时摊开，防止堆积发热、变质。另外还主要源于沿海高含量盐碱地的地表水、肥料的应用、动物的粪便、农作物残渣含氮物的分解，某些矿物、化粪池、城市垃圾等，使地下水中硝酸盐等物质含量升高，一旦其量超过植物的利用能力，即可积聚在下层土壤或是渗透至地下水中，在环境中某些微生物等作用下，会转换成亚硝酸盐。

检测意义：人食入 0. 3~0. 5 克的亚硝酸盐即可引起中毒，3 克导致死亡。生鲜乳中亚硝酸盐含量的高低，严重制约着乳制品的品质。生鲜乳中亚硝酸盐的限量值以 $NaNO_2$ 计为 0. 4mg/kg（GB2762—2017）。

**7. 重金属**

重金属是指密度在 4. 5g/cm$^3$ 以上的金属元素。生鲜乳中的重金属主要有铅、铬、汞、砷等。重金属的主要来源有工业“三废”的排放，大气污染和饲料中的重金属残留等。

检测意义：重金属非常难以被生物降解，相反却能在食物链的生物放大作用下，成千百倍地富集，最后进入人体。重金属在人体内能和蛋白质及酶等发生强烈的相互作用，使它们失去活性，也可能在人体的某些器官中累积，造成慢性中毒，严重影响人类健康。

（1）铬的危害有哪些？

铬的名称来自希腊文 Chroma，意为颜色，因为这种元素以多种不同颜色的化合物存在，故被称为“多彩的元素”，在地壳中的含量为0.01%，居第17位。常见的铬化合物有六价的铬酐、重铬酸钾、重铬酸钠、铬酸钾、铬酸钠等；三价的三氧化二铬（铬绿、$Cr_2O_3$）；二价的氧化亚铬。铬的化合物中以六价铬毒性最强，是致癌物质，对环境与人体健康有严重的危害作用，三价铬次之，毒性是六价铬的1%。

生鲜乳中铬的污染主要由工业引起，比如污染了饮用水或者饲料，也可能因为添加皮革水解物等非法添加物而产生铬超标。铬具有致突变性和潜在致癌性，六价铬是国际抗癌研究中心和美国毒理学组织公布的致癌物，具有明显的致癌作用。过量食入六价铬化合物可引起口黏膜增厚、反胃呕吐、剧烈腹痛、肝肿大等，并伴有头痛、头晕、烦躁不安、呼吸急促、脉速、口唇指甲青紫、肌肉痉挛等症状，严重时可使循环衰竭，失去知觉，甚至死亡。铬在牛奶中的安全限量值≤0.3mg/kg。

（2）汞的危害有哪些？

汞在自然界中主要有元素汞和汞化合物两大类。汞及汞化合物在自然界分布极为广泛，如土壤、水、生物体甚至食品中都可以检测出微量的汞。由于微量汞在体内的摄入量与排泄量基本保持平衡，一般不引起对健康的危害。汞和汞盐都是危险的有毒物质。金属汞中毒常以汞蒸气的形式引起，由于汞蒸气具有高度的扩散性和较大的脂溶性，通过呼吸道进入肺泡，经血液循环运至全身，对大脑和内脏都会造成损害。严重的汞盐中毒可以破坏人体内脏的机能，常常表现为头痛、头晕、肢体麻木和疼痛、呕吐、牙床肿胀，发生齿龈炎症、心脏机能衰退、肌肉萎缩、肌痉挛或僵直、流涎或多汗等多种症状。

生鲜乳中汞污染的来源主要通过含汞的工业废水污染水体，奶畜饮用了受到污染的水或吃了在受污染土壤上生长的植物饲料，都会在体内蓄积汞。含汞农药的使用也会直接污染植物性食品原料。奶畜体内蓄积的汞会有一部分从其分泌的生鲜乳中排出，造成生鲜乳汞超标。为了防止汞中毒事件发生，我国根据《中华人民共和国环境保护法》所制定的生活饮用水和农田灌溉水的水质标准，都规定汞含量不得超过0.001mg/L。汞在牛奶中的安全限量值为≤0.01mg/kg。

（3）铅的危害有哪些？

在自然界中铅（Pb）多以氧化物和盐的形式存在，除乙酸铅、氯酸铅、亚硝酸铅和氯化铅外，一般很难溶于水。铅属于蓄积性毒物，在6类重金属污染物中其毒性位居首位，被世界卫生组织定义为具有潜在的致癌物质之一。通常有机铅的毒性比无机铅大，如均为无色透明油状液体的四甲基铅和四乙基铅，易溶于有机溶剂和脂肪。铅进入人体后，除部分通过粪便、汗液排泄外，其余在数小时后溶入血液中，阻碍血液的合成，导致人体贫血，出现头痛、眩晕、乏力、困倦、便秘和肢体酸痛等。小孩铅中毒则出现发育迟缓、食欲不振、行走不便和便秘、失眠，还会造成脑组织损伤，严重者可能导致终身残废。特别是儿童处于生长发育阶段，对铅比成年人更敏感，进入体内的铅对神经系统有很强的亲和力，故对铅的吸收量比成年人高好几倍，受害尤为严重。铅进入孕妇体内则会通过胎盘屏障，影响胎儿发育，造成畸形等。

生鲜乳中铅的污染主要来源于饲料和饮水中铅超标、“工业三废”、生活垃圾和汽车尾气排放等。一些饲料添加剂尤其是矿物质饲料添加剂因为生产工艺等原因导致其铅含量超标、“工业三废”污染奶畜饮水及植物饲料生长的土壤等、汽车尾气排放污染奶畜生长的环境等因素造成生鲜乳中铅超标。因此，生鲜乳各项监测任务中都有铅的检测。铅在牛奶中的安全限量值是≤0.05mg/kg。

（4）砷的危害有哪些？

砷（As）广泛分布在自然环境中，在土壤、水、矿物、植物中都能检测出微量的砷，正常人体组织中也含有微量的砷。砷及其化合物具有毒性，所以当人体砷摄入量过多时，就会造成砷中毒。一般来说，无机砷比有机砷的毒性大，三价砷比五价砷的毒性大。砷的氧化物（如三氧化二砷）和盐类绝大部分属高毒，而砷化氢则属剧毒物质，是目前已知的砷化合物中毒性最大的一个。过量的砷会干扰细胞的正常代谢，影响呼吸和氧化过程，使细胞发生病变。砷能引起人体急性中毒、亚急性中毒、慢性中毒及具有致癌性、致畸性和致突变性。

生鲜乳中砷的污染主要来源于饲料和饮水中砷超标、“工业三废”、含砷农药等。无机砷主要来源于自然界和“工业三废”，高的含砷燃煤、有色金属熔炼、砷矿的开采冶炼，含砷化合物在工业生产中排放含砷废水会污染大气和水源。有机砷主要来源于饲料添加剂、含砷农药等。我国养殖业饲料中添加氨苯砷酸和洛克沙胂迄今已有二十多年，因为有促生长和防病效果；有机砷农药的使用也没有受到严格的限制，仍在使用中的有机砷农药有甲基砷酸钙、二砷甲酸、甲基砷酸钠、甲基砷酸二钠、甲基硫酸和砷酸铅等。含砷废水、农药及烟尘会污染土壤，在土壤中累积并由此进入农作物组织中。因此，加强对生鲜乳中砷的检测也有非常重要的意义。砷在牛奶中的安全限量值为≤0.1mg/kg。

## （三）生鲜乳主要微生物指标有哪些？有何意义？

### 菌落总数

微生物是影响生鲜乳质量安全的重要因素，生鲜乳中微生物质量控制指标为菌落总数，菌落总数是指食品检样经过处理，在一定条件下（样品处理、培养基成分、培养温度和时间、pH、需氧条件）培养后，所得到的每单位食品（1g，1mL，$1cm^2$）中所含细菌菌落的总数。

检测意义：由于菌落总数测定是在需氧条件下进行的，而且不能区别细菌种类，因此，菌落总数又称为需氧菌数或杂菌数。但需要强调的是，菌落总数和致病菌有本质区别，菌落总数包括致病菌和有益菌，对人体有损害的主要是其中的致病菌。菌落总数超标，也意味着致病菌超标的机会增大，将会破坏生鲜乳的营养成分，加快生鲜乳的腐败变质，增加危害人体健康的概率，极易引起人呕吐、腹泻等症状，危害健康安全。

# 三、主要检测方法及注意事项

## （一）胶体金法

### 1. 胶体金免疫层析法的主要原理是什么？

胶体金是一种分散相、粒径为1～100mm、橘红色至紫红色的金溶胶。胶体金可以通过静电作用、疏水作用以及金硫键等相关物理作用方式将蛋白质等高分子吸附并结合在金溶胶的表面。胶体金免疫层析法属于一种标记免疫分析方法，主要是采用纳米金颗粒对相关抗体进行标记，当金标抗体聚集到一定量时，就会形成肉眼可见的紫红色，从而可对抗体和抗原的反应结果进行直观测定。胶体金免疫层析法可分为夹心法和竞争抑制法两种情况，夹心法主要应用于对病毒、细菌、寄生虫等残留的检测，而竞争移植法主要应用于对兽药残留、类固醇、农药等小分子物质的检测。

### 2. 使用胶体金免疫层析法如何判断结果？

胶体金免疫层析法操作简单、经济实惠。应用时将被检测样品溶液滴加在试纸上，通过观察试纸颜色的变化确定检测结果。胶体金免疫层析试纸主要由样品垫、胶体金结合垫、硝酸纤维素膜、吸水垫以及PVC胶板等材料构成。将样品溶液滴落在样品垫上，样品溶液在层析作用下经过胶体金标记抗体的结合垫，然后经过包被抗原和二抗检测线（实际应用中也被称作 T 线）以及控制线（即 C 线）。若样品溶液中含有兽药成分，相关药物成分就会与金标抗体相结合，而不会再与包被抗原发生反应，所以 T 线就不会显色；反之如果被测样品中包含有相关兽药成分，金标抗体就会与包被抗原发生反应，从而出现显色反应。但无论是否存在相关兽药成分，金标抗体都会与二抗发生反应，所以应用后 C 线均会发生反应，若 C 线未发生显色反应，则提示本次检测失败。

### 3. 胶体金免疫层析法主要注意事项是什么?

（1）胶体金颗粒大小的选择

胶体金颗粒的大小与产品的灵敏度及特异性有关。胶体金颗粒越大，灵敏度越高，但特异性越差。在胶体金免疫层析试验时，我们既要灵敏度高，又要特异性强，所以，我们在选择胶体金颗粒的大小时应慎重。

（2）最佳 pH 值的选择

随着 pH 值的升高，其灵敏度会下降，一般来说，能使标记后离心沉淀物完全溶解的最低 pH 值再加 0.1~0.2 即为标记物的最佳 pH 值。不同的抗原及抗体其等电点不同，操作中一定要认真试验，选择合适的 pH 值。

（3）最佳蛋白量的选择

标记蛋白的量对胶体金的稳定性起决定作用。未加蛋白及加入蛋白量不足以稳定胶体金的试管，胶体金标记物离心后呈现由完全不溶到部分溶解的聚沉现象，而加入蛋白量达到或超过最低稳定量的试管则胶体金标记物离心后完全溶解。其中含蛋白量最低胶体金标记物离心后完全溶解的试管即含稳定 1mL 胶体金的必需蛋白，在此基础上再加上 20% 即为稳定所需蛋白质的实际用量。为了达到最高的标记率又不致于浪费原材料增加成本，应根据不同的产品选择不同的最佳蛋白标记量。

（4）微孔滤膜的选择

微孔滤膜是胶体金免疫层析试验中的一种重要原材料，起载体作用。微孔滤膜与免疫层析试验中灵敏度、特异性、本底及速度有很大关系。微孔滤膜根据其使用的基础材料不同而有多种类型。如硝酸纤维膜（NC），醋酸纤维膜，尼龙膜、PVDF膜，硝酸、醋酸混合膜等，其中NC膜和尼龙膜的蛋白结合能力较强，但尼龙膜易产生较重的本底，故一般选择NC膜作为包被载体。蛋白质的结合能力不仅与微孔滤膜的原材料有关，而且与膜的孔径有关。一般来讲，膜孔径越小，蛋白结合能力越大，但液体的迁移速度越小；膜孔径越大，蛋白结合越小，而液体的迁移速度越大。所以在筛选NC膜时，不仅要考虑膜吸附蛋白的能力，而且要考虑含有胶体金颗粒的液体在膜上的迁移速度。

（5）包被浓度的选择

胶体金免疫层析试纸条在NC膜上一般划有两条线，一条检测线，包被有抗体（抗原），用于捕捉样品中的抗原（抗体）；另一条是质控线，用于测试条本身的质控。如果包被浓度太低，其灵敏度不够，质控线不深；如果包被抗体的浓度太高，不能提高测试灵敏度，反而会影响其特异性。在胶体金免疫层析试验选择抗体或抗原的包被浓度时，为了达到检测的高灵敏度及特异性而又不至于浪费原材料、增大成本，应选择一组合适的包被浓度。

除上述几点外，与此相关的其他内容如筛选和纯化抗体、胶体金标记物的制备及干燥、抗体包被的温度及时间、封闭液及封闭温度及时间的选择以及选择助溶剂等，也是不容忽视的重要环节。

## （二）酶联免疫法

### 1. 酶联免疫法的检测原理是什么?

ELISA 可用于测定抗原，也可用于测定抗体，根据试剂的来源和标本的情况以及检测的具体条件，可设计出各种不同类型的检测方法，主要类型有双抗夹心法、间接法、竞争法、捕获法等。双抗体夹心法是检测抗原最常用的方法，先将已知抗体连接在固相载体上，待测抗原与抗体结合后再与酶标二抗结合，形成抗体-待测抗原-酶标二抗的复合物，复合物的形成量与待测抗原成正比。间接法是检测抗体常用的方法。其原理为利用酶标记的抗体（抗人免疫球蛋白抗体）以检测与固相抗原结合的受检抗体，故称为间接法。双抗原夹心法的反应模式与双抗体夹心法类似。用特异性抗原进行包被和制备酶结合物，以检测相应的抗体。当小分子抗原或半抗原因缺乏可作夹心法的两个以上的抗体结合位点，因此不能用双抗体夹心法进行测定，可以采用竞争法模式。

竞争性酶联免疫反应原理，含有被测物质的药物抗原已经包被于微孔板上，在分析时，样品经过萃取与一抗体相结合。如果被测样品中有药物存在，将阻止包被于微孔板中的抗原与一抗体结合。二抗体在酶底物的作用下，能够识别第一抗体和包被于微孔板中经抗原相互作用的第一抗体。加入培养基后，颜色将会发生变化。颜色的深浅同样品中被测物质的含量成反比关系。

### 2. 酶联免疫法检测时的注意事项有哪些?

（1）不同批次的试剂盒不能混用，抗体和微孔板具有盒与批次的特异性。确保二抗体及二抗体稀释液的正确配制才能达到准确无误的效果。

（2）检测过程中应尽量保持室温 20～25℃，避免在通风口操作，防止温度过低、过热或蒸发都会影响检测数据的准确性。同样不应在阳光直射下试验，防止过热或蒸发带来的影响，阳光直射下操作还会给二抗体、一抗体溶液与吸附在试剂盒微孔的抗原之间的酶联免疫反应起到不利影响。

（3）在孵育期间，如果工作台温度过低，应适当铺垫若干纸巾或其他物料。

（4）水质对检测结果的影响很重要，应确保使用超纯水或者去离子水。

（5）加入样品或者试剂到微孔板时，吸嘴靠于微孔板壁，尽量接近微孔底部，但不应接触到底部，以免划伤吸附在微孔内的抗原。

（6）孵育时间的计算越规范越好，保持添加标准品的一致性，先添加标准品后添加样品，有利于检测结果的准确性。

（7）洗板时动作要讯速，并在多层滤纸上拍干，不可甩干，此种洗板方法可有效避免试剂盒微孔的交叉污染。纸张的选择也很重要，最好使用滤纸多层铺垫。

（8）从低浓度到高浓度地添加标准品，可降低影响标准曲线质量的风险。

## （三）滴定法

### 1. 什么是滴定法?

滴定分析法：又叫容量分析法，将已知准确浓度的标准溶液，滴加到被测溶液中（或者将被测溶液滴加到标准溶液中），直到所加的标准溶液与被测物质按化学计量关系定量反应为止。然后测量标准溶液消耗的体积，根据标准溶液的浓度和所消耗的体积，算出待测物质的含量。这种定量分析的方法称为滴定分析法，它是一种简便、快速和应用广泛的定量分析方法，在常量分析中有较高的准确度。

**2. 滴定法的原理是什么？**

滴定分析是建立在滴定反应基础上的定量分析法。若被测物 A 与滴定剂 B 的滴定反应式为：$aA + bB = dD + eE$

它表示 A 和 B 是按照摩尔比 a：b 的关系进行定量反应的。这就是滴定反应的定量关系，它是滴定分析定量测定的依据。依据滴定剂滴定反应的定量关系，通过测量所消耗的已知浓度（mol/L）滴定剂的体积（mL），求得被测物的含量。

**3. 什么条件下适合使用滴定法？**

（1）反应必须按方程式定量地完成，通常要求在 99.9%以上，这是定量计算的基础。

（2）反应能够迅速地完成（有时可加热或用催化剂以加速反应）。

（3）共存物质不干扰主要反应，或用适当的方法消除其干扰。

（4）有比较简便的方法确定计量点（指示滴定终点）。

**4. 滴定法有几种分类？**

（1）根据标准溶液和待测组分间的反应类型的不同，分为四类。

① 酸碱滴定法：以质子传递反应为基础的一种滴定分析方法。如氢氧化钠测定醋酸。

② 配位滴定法：以配位反应为基础的一种滴定分析方法。如 EDTA 测定水的硬度。

③ 氧化还原滴定法：以氧化还原反应为基础的一种滴定分

析方法。高锰酸钾测定铁含量。

④ 沉淀滴定法：以沉淀反应为基础的一种滴定分析方法。如食盐中氯的测定。

（2）按分析方式分类

① 直接滴定法。

所谓直接滴定法，是用标准溶液直接滴定被测物质的一种方法。凡是能同时满足上述滴定反应条件的化学反应，都可以采用直接滴定法。直接滴定法是滴定分析法中最常用、最基本的滴定方法。如用 HCl 滴定 NaOH，用 $K_2Cr_2O_7$滴定 Fe 等。

② 返滴定法。

当遇到下列几种情况下，不能用直接滴定法。

第一，当试液中被测物质与滴定剂的反应慢，如 Al 与 EDTA 的反应，被测物质有水解作用时。

第二、用滴定剂直接滴定固体试样时，反应不能立即完成。如 HCl 滴定固体 $CaCO_3$。

第三，某些反应没有合适的指示剂或被测物质对指示剂有封闭作用时，如在酸性溶液中用 $AgNO_3$滴定 $Cl^-$缺乏合适的指示剂。

对上述这些问题，通常都采用返滴定法。

返滴定法就是先准确地加入一定量过量的标准溶液，使其与试液中的被测物质或固体试样进行反应，待反应完成后，再用另一种标准溶液滴定剩余的标准溶液。

例如，对于上述 Al 的滴定，先加入已知过量的 EDTA 标准溶液，待 Al 与 EDTA 反应完成后，剩余的 EDTA 则利用标准 Zn、Pb 或 Cu 溶液返滴定；对于固体 $CaCO_3$的滴定，先加入已知过量的 HCl 标准溶液，待反应完成后，可用标准 NaOH 溶液返滴定剩余的 HCl；对于酸性溶液中 $Cl^-$的滴定，可先加入已知过量的 $AgNO_3$标准溶液使 $Cl^-$沉淀完全后，再以三价铁盐作指示剂，用 $NH_4SCN$ 标准溶液返滴定过量的 $Ag^+$，出现 $[Fe(SCN)]^{2+}$淡红色即为终点。

③ 置换滴定法。

对于某些不能直接滴定的物质，也可以使它先与另一种物质起反应，置换出一定量能被滴定的物质来，然后再用适当的滴定剂进行滴定。这种滴定方法称为置换滴定法。例如，硫代硫酸钠不能用来直接滴定重铬酸钾和其他强氧化剂，这是因为在酸性溶液中氧化剂可将 $S_2O_3^{2-}$ 氧化为 $S_4O_6^{2-}$ 或 $SO_4^{2-}$ 等混合物，没有一定的计量关系。但是，硫代硫酸钠却是一种很好的滴定碘的滴定剂。这样一来，如果在酸性重铬酸钾溶液中加入过量的碘化钾，用重铬酸钾置换出一定量的碘，然后用硫代硫酸钠标准溶液直接滴定碘，计量关系便非常好。实际工作中，就是用这种方法以重铬酸钾标定硫代硫酸钠标准溶液浓度的。

④ 间接滴定法。

有些物质虽然不能与滴定剂直接进行化学反应，但可以通过别的化学反应间接测定。例如，高锰酸钾法测定钙就属于间接滴定法。由于 $Ca^{2+}$ 在溶液中没有可变价态，所以不能直接用氧化还原法滴定。但若先将 $Ca^{2+}$ 沉淀为 $CaC_2O_4$，过滤洗涤后用 $H_2SO_4$ 溶解，再用 $KMnO_4$ 标准溶液滴定与 $Ca^{2+}$ 结合的 $C_2O_4^{2-}$，便可间接测定钙的含量。

### 5. 滴定法需要使用那些仪器?

（1）滴定分析用的仪器，主要是指具有准确体积的滴定管、容量瓶和移液管。

（2）滴定管（流出仪器），其规格有 25mL、50mL；移液管（流出仪器），其规格有 2mL、5mL、10mL、25mL、50mL，刻度移液管其规格有 0.1~25mL；常用容量瓶其规格有 10mL、25mL、100mL、250mL、500mL、1 000mL。

（3）都需要进行定期校准。滴定管、容量瓶和移液管的校准，可以采用绝对校正和相对校正方法。

### 6. 滴定法检测有哪些注意事项?

（1）移液管及刻度吸管一定用橡皮吸球（洗耳球）吸取溶液，不可用嘴吸取。

（2）滴定管、量瓶、移液管及刻度吸管均不可用毛刷或其他粗糙物品擦洗内壁，以免造成内壁划痕，容量不准而损坏。每次用毕应及时用自来水冲洗，再用洗衣粉水洗涤（不能用毛刷刷洗），用自来水冲洗干净，再用纯化水冲洗 3 次，倒挂，自然沥干，不能在烘箱中烘烤。如内壁挂水珠，先用自来水冲洗，沥干后，再用重铬酸钾洗液洗涤，用自来水冲洗干净，再用纯化水冲洗 3 次，倒挂，自然沥干。

（3）需精密量取 5mL、10mL、20mL、25mL、50mL 等整数体积的溶液，应选用相应大小的移液管，不能用两个或多个移液管分取相加的方法来精密量取整数体积的溶液。

（4）使用同一移液管量取不同浓度溶液时要充分注意荡洗（3 次），应先量取较稀的一份，然后量取较浓的。在吸取第一份溶液时，高于标线的距离最好不超过 1cm，这样吸取第二份不同浓度的溶液时，可以吸得再高一些荡洗管内壁，以消除第一份的影响。

## （四）比色法

### 1. 什么是比色法?

以生成有色化合物的显色反应为基础，通过比较或测量有色物质溶液颜色深度来确定待测组分含量的方法。比色法作为一种定量分析的方法，开始于 19 世纪 30~40 年代。比色分析对显色反应的基本要求是：反应应具有较高的灵敏度和选择性，反应生成的有色化合物的组成恒定且较稳定，它和显色剂的颜色差别较大。选择适当的显色反应和控制好适宜的反应条件，是比色法的关键。

## 2. 比色法的原理是什么?

比色法是以生成有色化合物的显色反应为基础的，一般包括两个步骤：首先是选择适当的显色试剂与待测组分反应，形成有色化合物，然后再比较或测量有色化合物的颜色深度。比色分析对显色反应的基本要求如下。

（1）反应应具有较高的选择性，即选用的显色剂最好只与待测组分反应，而不与其他干扰组分反应或其他组分的干扰很小。

（2）反应生成的有色化合物有恒定的组分和较高的稳定性。

（3）反应生成的有色化合物有足够的灵敏度，摩尔吸光系数一般应在 $10^4$ 以上。

（4）反应生成的有色化合物与显色剂之间的颜色差别较大，它们的最大吸收浓度之差一般应在60nm以上。选用的显色剂可以是一种试剂，也可以是两种不同的试剂。

## 3. 比色法有几种分类?

常用的比色法有两种：目视比色法和光电比色法，前者用眼睛观察，后者用光电比色计测量，两种方法都是以朗伯-比尔定律（见紫外-可见分光光度法）为基础。

目视比色法：标准系列法，该法采用一组由质料完全相同的玻璃制成的直径相等、体积相同的比色管，按顺序加入不同量的待测组分标准溶液，再分别加入等量的显色剂及其他辅助试剂，然后稀释至一定体积，使之成为颜色逐渐递变的标准色阶。再取一定量的待测组分溶液于一支比色管中，用同样方法显色，再稀释至相同体积，将此样品显色溶液与标准色阶的各比色管进行比较，找出颜色深度最接近于样品显色溶液的那支标准比色管，如果样品溶液的颜色介于两支相邻标准比色管颜色之间，则样品溶液浓度应为两标准比色管溶液浓度的平均值。标准系列法的主要优点是设备简单和操作简便，但眼睛观察存在主观误差，准确度较低。

光电比色法：在光电比色计上测量一系列标准溶液的吸光度，将吸光度对浓度作图，绘制工作曲线，然后根据待测组分溶液的吸光度在工作曲线上查得其浓度或含量。光电比色计通常由光源（钨灯）、滤光片、吸收池、接收器（光电池或光电管）、检流计五部分组成。光路结构上有单光电池式和双光电池式两种：单光电池式仪器的测量结果受光源强度变化影响较大，而双光电池式仪器则避免了这种影响。与目视比色法相比，光电比色法消除了主观误差，提高了测量准确度，而且可以通过选择滤光片和参比溶液来消除干扰，从而提高了选择性。

## （五）光谱法

### 1. 光谱法的检测原理是什么？

光谱法是基于物质与辐射能作用时，测量由物质内部发生量子化的能级之间的跃迁而产生的发射、吸收或散射辐射的波长和强度进行分析的方法。光谱法可分为原子光谱法和分子光谱法。原子光谱法是由原子外层或内层电子能级的变化产生的，它的表现形式为线光谱。属于这类分析方法的有原子发射光谱法（AES）、原子吸收光谱法（AAS），原子荧光光谱法（AFS）以及X射线荧光光谱法（XFS）等。分子光谱法是由分子中电子能级、振动和转动能级的变化产生的，表现形式为带光谱。属于这类分析方法的有：紫外-可见分光光度法（UV-Vis）、红外光谱法（IR）、分子荧光光谱法（MFS）和分子磷光光谱法（MPS）等。

### 2. 光谱法的检测仪器有哪些?

目前应用在食品检测领域的光谱系列检测仪器主要有：原子吸收分光光谱仪、原子荧光光谱仪、紫外分光光谱仪、荧光分光光谱仪、近红外光谱测定仪等。

### 3. 原子吸收分光光谱仪的检测原理是什么?

元素在热解中被加热原子化，成为基态原子蒸气，对空心阴极灯发射的特征辐射进行选择性吸收。在一定浓度范围内，其吸收强度与试液中被测元素的含量成正比。火焰原子化法的优点是：火焰原子化法的操作简便，重现性好，有效光程大，对大多数元素有较高灵敏度，因此应用广泛。缺点是：原子化效率低，灵敏度不够高，而且一般不能直接分析固体样品；石墨炉原子化器的优点是：原子化效率高，在可调的高温下试样利用率达100%，灵敏度高，试样用量少，适用于难熔元素的测定。缺点是：试样组成不均匀性的影响较大，测定精密度较低，共存化合物的干扰比火焰原子化法大，干扰背景比较严重，一般都需要校正背景。

### 4. 原子荧光光谱仪的检测原理是什么?

原子荧光光谱仪通过待测元素的溶液与硼氢化钠（钾）混合，在酸性条件下生成氢化物气体（如氢化砷等）从溶液中逸出，通过与氩气、氢气混合后进入到原子化器中（并被点燃），氢化物高温下分解并转化为基态的原子蒸气，通过该元素的空心阴极灯产生的共振线激发，基态原子跃迁到高能态（有时也会从某亚稳态开始跃迁），它再重新返回到低能态，多余的能量便以光的形式释放出来，这就是原子荧光（如果激发波长与荧光波长相同，称为共振荧光，这是原子荧光的主要部分，其他还会产生不太强的非共振荧光）。

### 5. 原子荧光的类型有哪些？

当自由原子吸收了特征波长的辐射之后被激发到较高能态，接着又以辐射形式去活化，就可以观察到原子荧光。原子荧光可分为三类：共振原子荧光、非共振原子荧光与敏化原子荧光。

## （六）色谱法

### 1. 色谱法主要包括哪些方法？

色谱法（chromatography）又称色层析法，是一种分离和分析法，是 1906 年俄国植物学家 Michael Tswett 发现并命名的。他将植物叶子的色素通过装填有吸附剂的柱子，加上试剂，各种色素以不同的速率流动后形成不同的色带而被分开，由此得名为“色谱法”。1944 年出现纸色谱以后，色谱法不断发展，相继出现了薄层色谱、亲和色谱、凝胶色谱、气相色谱和高压液相色谱（HPLC）等。色谱法在分析化学、有机化学、生物化学等领域有着非常广泛的应用，生鲜乳检测中常用到液相色谱法、气相色谱法和离子色谱法等。

### 2. 色谱法基本原理是什么？

色谱法利用混合物中各组分物理化学性质的差异（乳吸附力、分子形状及大小、分子亲和力、分配系数等），使各组分在两相（一相为固定的，成为固定相；另一项流过固定相，称为流动相）中选择性分配，以流动相对固定相中的混合物进行洗脱，混合物中不同的物质会以不同的速度沿固定相移动，最终达到分离的效果。在填充色谱柱中，当组分随流动相向柱出口迁移时，流动相由于受到固定相颗粒障碍，不断改变流动方向，使组分分子在前进中形成紊乱的类似涡流的流动，也称涡流扩散。

### 3. 常用专业术语有哪些？

（1）分配系数：可由 Langmir 方程得出

$$k_d = \frac{q}{c}$$

$k_d$为分配系数；$q$ 和 $c$ 分别为溶质在固相和液相中的浓度。

（2）分离度：$R = \frac{2(t_{R2} - t_{R1})}{Y_1 - Y_2}$，其中，$t_R$表示保留时间，$Y$ 表示峰宽，$R$ 大于 1.5 时才算是完全分开。

（3）理论塔板数：$N = 16(\frac{t_R}{W_b})^2$ 其中，$t_R$表示保留时间，$W_b$表示峰底宽度。理论塔板数大的色谱柱效率高。

### 4. 反相色谱法和正相色谱法的区别是什么？

根据流动相和固定相的相对极性不同，液相色谱分析法可分为正相色谱法和反相色谱法。反相色谱填料常以硅胶为基础，表面键合极性较弱的官能团键合相，流动相极性较强，一般为水、缓冲液与甲醇、乙腈的混合物，适用于分离非极性或极性较弱的样品，样品中极性较强的组分先流出，常用的反相色谱柱有 C18、C8 等。正相色谱填料常以硅胶为基础，表面键合极性较强的官能团如胺基团或氰基团键合相，流动相极性较弱，一般为疏水性溶剂如正已烷、环已烷等，常加入乙醇、异丙醇、四氢呋喃、三氯甲烷等以调节组分的保留时间，适用于分离极性较强的样品，如酚类、胺类、羰基类及氨基酸类等。样品中极性较弱的组分先流出，常用的正相色谱柱有 Hilic 等。

### 5. 常用 C18 和 C8 柱子有什么区别？

C8 和 C18 都是反相色谱柱的一种，适用于分析弱极性物质。

C8是硅胶键合辛烷基，C18是硅胶键合十八烷基，C18的极性较C8的极性小，C18对分析物的保留性能强于C8，含碳量对分离效果和主要组分的保留时间起很大的影响，所以含碳量高，主要组分的保留时间越长。C18比C8碳链更长，因此保留特性更强。C8更适合大分子物质，如一些球蛋白等，都用C8和缓冲盐洗脱剂配合使用。

### 6. 不同C18柱子有何区别？

大部分C18柱子前标有ODS，是指柱子的填料基质为硅胶，键合octadecyl silane十八烷基硅烷（ODS），是硅烷化试剂与填料孔内的硅羟基反应产生。各公司色谱柱因其填料不断改进，以新名称命名。以waters为例，1994年，沃特世率先推出的基于有机合成工艺路线的高纯硅胶色谱柱（Symmetry），通过利用四乙基硅烷的交联聚合反应，获得硅胶基质颗粒，直接改善对碱性分析物拖尾的问题；1999年和2004年相继推出第一代杂化颗粒（XTERRA）及第二代杂化颗粒XBridge（BEH）系列填料色谱柱，因其填料内部的硅-碳单元的存在，使填料在中高pH、高盐、高温等条件下的耐受性得到明显提高。

### 7. 一般C18柱子上的参数如何解读？

（1）粒径（μm）

色谱柱内的填料通常为球形颗粒，以粒径衡量填料颗粒大小，如HPLC柱的3.5/5μm到UHPLC的2.7/2.5μm以及UPLC柱的1.6/1.7/1.8μm等。色谱柱柱效水平也就是分离能力正比于色谱柱柱长，反比于填料粒径。柱效水平相当是HPLC/UPLC间方法转换成功的前提。不同柱子柱效比较如下。

| 粒径 | 柱规格 | L/dp（柱效水平） |
|---|---|---|
| 5μm | 4. 6×250mm | 50 000 |
| 3. 5μm | 4. 6×150mm | 42 857 |
| 2. 7μm | 4. 6/3. 0/2. 1×150mm | 55 556 |
| 2. 5μm | 4. 6/3. 0/2. 1×150mm | 60 000 |
| 1. 7μm | 2. 1×100mm | 58 823 |

可以看出，粒径 5μm、内径 4. 6mm、柱长 250mm 的色谱柱与同类型粒径 1. 7μm、内径 2. 1mm、柱长 100mm 的色谱柱柱效水平稍低。

（2）孔径（Å）

球形填料颗粒上，密密麻麻地分布着很多孔。孔约占填料表面 99%空间，这些孔的存在很重要，它们为填料提供了更高的表面积，能够增加色谱柱的分析载量。一般来说，孔径越小，填料比表面积越大，载量越大。但是，如果分析物的分子量比较大，或者空间直径比较大时，就需要选择较大的填料孔径，以便于分析物的扩散传质速度，降低色谱峰宽。小分子化合物：分子量低于 2 000时，不需要考虑孔径问题，常见色谱柱孔径范围 90~150Å 都可以使用。分子量较大时，例如肽（分子量 4 000以上）、蛋白质，或者有空间展开直径较大的 PEG 链修饰的小分子或小肽时，通常优先考虑较大孔径的填料，例如 300Å。在使用 GPC 分析药用辅料分子量分布，或者 SEC 分析蛋白质或抗生素的聚集体时，填料的孔径是非常重要的选择依据，能够直接影响到分离效果。

## （七）质谱法

### 1. 什么是质谱法?

质谱法（Mass Spectrometry，MS）即用电场和磁场将运动的离子（带电荷的原子、分子或分子碎片，有分子离子、同位素离子、碎片离子、重排离子、多电荷离子、亚稳离子、负离子和离子-分子相互作用产生的离子）按它们的质荷比分离后进行检测的方法。测出离子准确质量即可确定离子的化合物组成。这是由于核素（具有一定数目质子和一定数目中子的原子，例如，原子核里有 6 个质子和 6 个中子的碳原子称 12C 核素；原子核里有 6 个质子和 7 个中子的碳原子称 13C 核素）的准确质量是一多位小数，绝不会有两个核素的质量是一样的，而且绝不会有一种核素的质量恰好是另一核素质量的整数倍。分析这些离子可获得化合物的分子量、化学结构、裂解规律和由单分子分解形成的某些离子间存在的某种相互关系等信息。

### 2. 质谱法的原理是什么?

使试样中各组分电离生成不同荷质比的离子，经加速电场的作用形成离子束，进入质量分析器，利用电场和磁场使离子束分散——离子束中速度较慢的离子通过电场后偏转大，速度快的偏转小；在磁场中离子发生角速度矢量相反的偏转，即速度慢的离子依然偏转大，速度快的偏转小；当两个场的偏转作用彼此补偿时，它们的轨道便相交于一点。与此同时，在磁场中还能发生质量的分离，这样就使具有同一质荷比而速度不同的离子聚焦在同一点上，不同质荷比的离子聚焦在不同的点上，将它们分别聚焦而得到质谱图，从而确定其质量。

### 3. 质谱有哪些分类?

质谱仪种类非常多，工作原理和应用范围也有很大的不同。从应用角度，质谱仪可以分为下面几类。

（1）有机质谱仪，由于应用特点不同又分为以下两种。

气相色谱-质谱联用仪（GC-MS）

在这类仪器中，由于质谱仪工作原理不同，又有气相色谱-四极杆质谱仪、气相色谱-飞行时间质谱仪、气相色谱-离子阱质谱仪等。

液相色谱-质谱联用仪（LC-MS）

液相色谱-四极杆质谱仪、液相色谱-离子阱质谱仪、液相色谱-飞行时间质谱仪以及各种各样的液相色谱-质谱-质谱联用仪。

（2）其他有机质谱仪

基质辅助激光解吸飞行时间质谱仪（MALDI-TOFMS）、傅里叶变换质谱仪（FT-MS）、无机质谱仪、火花源双聚焦质谱仪、感应耦合等离子体质谱仪（ICP-MS）、二次离子质谱仪（SIMS）等。

### 4. 质谱法有哪些应用?

质谱法特别是它与色谱仪及计算机联用的方法，已广泛应用在有机化学、生化、药物代谢、临床、毒物学、农药测定、环境保护、石油化学、地球化学、食品化学、植物化学、宇宙化学和国防化学等领域。用质谱仪做多离子检测，可用于定性分析，例如，在药理生物学研究中能以药物及其代谢产物在气相色谱图上的保留时间和相应质量碎片图为基础，确定药物和代谢产物的存在；也可用于定量分析，用被检化合物的稳定性同位素异构物作为内标，以取得更准确的结果。

质谱仪种类繁多，不同仪器应用特点也不同。一般来说，在

300℃左右能气化的样品，可以优先考虑用 GC-MS 进行分析，因为 GC-MS 使用 EI 源，得到的质谱信息多，可以进行库检索，毛细管柱的分离效果也好。如果在 300℃左右不能气化，则需要用 LC-MS 分析，此时主要得分子量信息，如果是串联质谱，还可以得一些结构信息。如果是生物大分子，主要利用 LC-MS 和 MALDI-TOF 分析得分子量信息。对于蛋白质样品，还可以测定氨基酸序列。质谱仪的分辨率是一项重要技术指标，高分辨质谱仪可以提供化合物组成式，这对于结构测定是非常重要的。双聚焦质谱仪、傅立叶变换质谱仪、带反射器的飞行时间质谱仪等都具有高分辨功能。

质谱分析法对样品有一定的要求。进行 GC-MS 分析的样品应是有机溶液，水溶液中的有机物一般不能测定，须进行萃取分离变为有机溶液，或采用顶空进样技术。有些化合物极性太强，在加热过程中易分解，例如有机酸类化合物，此时可以进行酯化处理，将酸变为酯再进行 GC-MS 分析，由分析结果可以推测酸的结构。如果样品不能气化也不能酯化，那就只能进行 LC-MS 分析了。进行 LC-MS 分析的样品最好是水溶液或甲醇/乙腈溶液，LC 流动相中不应含不挥发盐。对于极性样品一般采用 ESI 源，对于非极性样品采用 APCI 源。

## （八）微生物法

微生物是生物中的一支，与传统化合物的最大不同在于微生物是具有生命的物质，是“活”的物体。它广泛分布于自然界的 大气层、水层、土壤层以及包括人体在内的各种动植物体内外，同时也充斥于人类生产的各种产品中，它是一种在自然界和人类社会中分布最广的生物。微生物与人类的生产和生活有着非常密切的关系，人类利用微生物生产出各种食品和抗生素，但同时，微生物也可使人致病。因此，微生物的检验、研究、利用和杀灭，是人类生产、生活中重要的活动内容，许多自然科学和社会科学的发展都与微生物学的突破有着密切的关系。

### 1. 微生物的基本特性?

微生物是一类体形细小、构造简单的微小生物的总称。人类用肉眼不能直接看见其个体，必须使用光学显微镜放大几百倍、几千倍，甚至使用电子显微镜放大几万倍、几十万倍，才能观察到它的形态、构造以及某些生理活动。

微生物具有自己的特点：个体微小、构造简单、变异容易、繁殖迅速、代谢旺盛、种类繁多、分布广泛等。但同时微生物也具备与其他生物相同的生物学特性，即新陈代谢和遗传变异。

### 2. 微生物的基本结构?

绝大多数的微生物都是由细胞组成，如细菌为单细胞微生物，真菌可以是单细胞微生物，也可是多细胞微生物，病毒为非细胞微生物，衣原体、立克次氏体是介于细胞和病毒之间的微生物。在生鲜乳检测工作中遇到的微生物主要是细菌。因此，对细胞的认识是检验细菌的基础。

### 3. 怎样对生鲜乳中的微生物进行检测?

微生物是影响生鲜乳质量安全的重要因素之一，生鲜乳的微生物质量控制指标较多，但 GB19301—2010《生乳》标准中规定的指标只有菌落总数。

（1）原理

菌落总数是指食品检测样品经过处理，在一定条件下培养后（如培养基成分、培养温度和时间、pH 值、需氧性质等），所得 1mL（或 1g）检样中形成的菌落的总数。本方法规定的培养条件下所得结果，只包括一群在平板计数琼脂上生长发育的嗜中温需氧菌或兼性厌氧菌的菌落总数。

（2）试剂和材料

平板计数琼脂培养基。

成分：胰蛋白胨 5g，酵母浸膏 2.5g，葡萄糖 1.0g，琼脂 15.0g，蒸馏水 1 000mL。制备方法：将上述成分加入蒸馏水中，煮沸溶解，调节 pH 值至 7.0±0.2，然后将其分装于试管或锥形瓶内，121℃高压灭菌 15min。

无菌生理盐水。

称取 8.5g 氯化钠溶于 1 000mL 蒸馏水中，121℃高压灭菌 15min。

（3）仪器设备

① 恒温培养箱　36℃±1℃。

恒温培养箱有隔水式和电热式两种，前者多采用浸入式电热管隔水加热，后者以电阻丝直接加热。隔水式培养箱箱内各部位温度恒定、均匀，断电后仍能保持较长时间恒温；电热式培养箱箱内上下层温度相差较大，指示用温度计不能真实指示箱内底层温度。使用时需要注意：隔水式培养箱在通电前，一定要先加蒸馏水或去离子水，否则电热管会烧坏。箱内物品不宜放置过挤，以利于箱内空气流动。取放培养基时，应尽快开、关箱门，减小培养箱内温度波动。

② 超净工作台。超净工作台采用层流技术净化空气，以均匀速度沿着平行方向流动，在层流有效区内保持无菌环境，洁净度可达 100 级，比在一般无菌室操作更符合无菌操作要求。

一般超净工作台只适用于常规微生物检验操作，对于一些具有传染性的微生物及真菌的操作存在安全弊端。生物安全柜装有空气回收系统，使经过操作台的空气，再经过一次过滤装置，排出环境和反复循环。因此，不仅可以使被检材料不受外来微生物的污染，还可避免被检材料污染环境，同时保护操作人员免受危险微生物的侵害。使用时应注意以下几项。

超净工作台应放置在无菌室内，保持室内清洁，减少尘埃。使用时应提前开机运转10~20min，使用过程中禁止做发尘量大的运动。

定期对超净工作台做性能检测，使用无菌琼脂平板检测沉降菌落总数。若性能检测结果不佳应清洗或更换滤网。

超净工作台所用的滤网多为超细玻璃或超细石棉纤维纸，不耐高温和高湿，强度较低，应严防碰击和受潮。

③ 高压蒸汽灭菌器。高压蒸汽灭菌器是微生物实验室最常用的灭菌方法，培养基、机械及细菌污染物等均使用本方法灭菌。高压蒸汽灭菌器的种类很多，常用的有手提式、立式和卧式三类。其结构和使用方法大致相同。

高压蒸汽灭菌器压力表上所示的压力为相对压力，即以1大气压力101.325kPa为零点，因此，灭菌时的实际压力为表压加大气压101.325kPa。

使用时应注意：灭菌器压内物品不宜放置过满，以便于蒸汽流动畅通。待灭菌物品包装不宜过大，装量过多的培养基在一般规定的压力与时间内灭菌不彻底。

使用前应按照灭菌器使用说明添加适量蒸馏水。

灭菌完毕后，在灭菌器压力未将至“0”位之前严禁打开器盖，以免发生事故，伤及人员。

④ 冰箱，2~5℃。

⑤ 恒温水浴锅，46℃±1℃。

⑥ 天平，感量0.1g。

⑦ 均质器。

⑧ 振荡器。

⑨ 无菌吸管，1mL、10mL或微量移液器及吸头。

⑩ 无菌锥形瓶，容量250mL、500mL。

⑪ 无菌培养皿，直径 90 毫米。

⑫ 放大镜或（和）菌落计数器。

（4）操作步骤

① 样品的稀释。

以无菌吸管吸取 25mL 样品，置于盛有 225mL 生理盐水的无菌锥形瓶（瓶内预置适当数量的无菌玻璃珠）中，充分混匀，制成 1：10 的样品匀液。

用 1mL 无菌吸管或微量移液器吸取 1：10 样品匀液 1mL，沿管壁缓慢注于盛有 9mL 生理盐水的无菌试管中（注意吸管或吸头尖端不要触及稀释液面），振荡试管使其混合均匀，制成 1：100的样品匀液。

按上述操作程序，制备 10 倍系列稀释样品匀液。每递增稀释一次，换用一次 1mL 无菌吸管或吸头。

根据对样品污染状况的估计，选择 2～3 个适宜稀释度的样品匀液，在进行 10 倍递增稀释时，每个稀释度分别吸取 1mL 样品匀液加入两个无菌平皿内。同时分别取 1mL 生理盐水加入两个无菌平皿作空白对照。

及时将 15～20mL 冷却至 46℃的平板计数琼脂培养基（可放置于 46℃±1℃恒温水浴箱中保温）倾注平皿，并转动平皿使其混合均匀。

② 培养。

培养基凝固后，将平板翻转，置 36℃±1℃培养 48h±2h。

如果样品中可能含有在琼脂培养基表面弥漫生长的菌落时，可在凝固后的琼脂表面覆盖以薄层琼脂培养基（约 4mL），凝固后翻转平板，按上述条件进行培养。

③ 菌落计数。

可用肉眼观察，必要时用放大镜或菌落计数器，记录稀释倍数和相应的菌落数量。菌落计数以菌落形成单位（Colony－

Forming Units，CFU）表示。

选取菌落数在30~300CFU、无蔓延菌落生长的平板计数菌落总数。低于30CFU的平板记录具体菌落数，大于300CFU的可记录为多不可计。每个稀释度的菌落数应采用两个平板的平均数。

其中一个平板有较大片状菌落生长时，则不宜采用，而应以无片状菌落生长的平板作为该稀释度的菌落数；若片状菌落不到平板的一半，而其余一半中菌落分布又很均匀，即可计算半个平板后乘以2，代表一个平板菌落数。

当平板上出现菌落间无明显界线的链状生长时，则将每条单链作为一个菌落计数。

菌落总数的计算方法：若只有一个稀释度平板上的菌落数在适宜计数范围内，计算两个平板菌落数的平均值，再将平均值乘以相应稀释倍数，作为每克（每毫克）中菌落总数结果。

若有两个连续稀释度的平板菌落数在适宜计数范围内时，按下列公式计算：

$$N=\sum C/\ (n_1+0.1n_2)\ d$$

式中：$N$——样品中菌落数；

$\sum C$——平板（含适宜范围菌落数的平板）菌落数之和；

$n_1$——第一稀释度（低稀释倍数）平板个数；

$n_2$——第二稀释度（高稀释倍数）平板个数；

$d$——稀释因子（第一稀释度）。

若所有稀释度的平板上菌落数均大于300CFU，则对稀释度最高的平板进行计数，其他平板可记录为多不可计，结果按平均菌落数乘以最高稀释倍数计算。

若所有稀释度的平板菌落数均小于30CFU，则应按稀释度最低的平板菌落数乘以稀释倍数计算。

若所有稀释度（包括液体样品原液）平板均无菌落生长，

则以小于 1 乘以最低稀释倍数计算。

若所有稀释度的平板菌落数均不在 30～300CFU，其中一部分小于 30CFU 或大于 300CFU 时，则以最接近 30CFU 或 300CFU 的平均菌落数乘以稀释倍数计算。

菌落总数的报告：菌落数小于 100CFU 时，按“四舍五入”的原则修约，采用两位有效数字报告；大于或等于 100CFU 时，第三位数字采用 0 代替位数，也可用 10 的指数形式来表示，按“四舍五入”的原则修约后，采用两位有效数字。

若所有平板上为蔓延菌落而无法计数，则报告菌落蔓延。

若空白对照上有菌落生长，则此次检查结果无效。

称重取样以 CFU/g 为单位报告，体积取样以 CFU/g 为单位报告。

### 4. 生鲜乳中微生物检测的注意事项有哪些?

（1）关于采用酒精棉球消毒的注意事项

用酒精棉球擦拭双手，包括手掌、手背，尤其是手指，更换一个酒精棉球擦拭酒精灯附近（约 10cm）桌面。

点燃酒精灯，在酒精灯附近拆器皿包装，并对器皿做相应标记。

用酒精棉球再次擦拭双手，开始实验操作。

消毒用酒精棉球湿度以不挤压出酒精为宜。

（2）关于酒精灯正确使用的注意事项

酒精量以大于 1/3、小于 2/3 为正确量。

防风罩应小口朝上放置于酒精灯上，反过来放置会导致氧气没有充分燃烧。

使用酒精灯前要检查灯芯帽是否盖得太紧，以防酒精不能上升，影响酒精灯燃烧。点燃酒精灯时严禁两个酒精灯对点。

熄灭酒精灯方法：先用灯芯帽扣压并熄灭火焰，再揭帽重新扣压一次。这样可防止蒸汽倒吸灯帽，再次使用酒精灯时难以揭开灯帽。

做样品稀释及从试管取样实验时，酒精灯应放在操作人员和试管架之间，便于无菌操作。

（3）关于吸量管使用的注意事项

左手拿洗耳球，右手持吸量管，用右手食指平按住吸量管的顶部。

吸取样品后进行定量时，吸量管吸液口应贴附于试管内壁；放样时，吸量管吸液口也应贴附于试管约 1/2 内壁，不应贴附在管口处放液。吸量管应尽可能垂直放液。

用吸量管往空平皿加入 1mL 溶液时，吸量管应贴附于平皿底部中央位置放液；用吸量管在平板上加入 0.1mL 溶液做涂布接种时，吸量管应垂直、悬空放液于平板中央。

因吸量管拆封包装后应马上使用，故无须对吸量管吸液口过火焰消毒。

整个取样放样的过程应尽可能保证试管口或锥瓶口靠近酒精灯火焰附近。

（4）关于样品梯度稀释的注意事项

从试管架上取出所需试管于酒精灯火焰附近拔出试管塞，并在火焰外焰处对试管口过火焰进行消毒。

将试管放回试管架后用吸量管进行取样，然后取出该试管于火焰附近调节吸量管内溶液体积。

取样完成后对试管口再次消毒并塞上试管塞，将试管放回试管架原处。

从试管架上取出所需加样的试管于火焰附近进行加样放液操作。

（5）关于培养皿记号的注意事项

标记统一写在平皿底部边缘，以“字数少、字体小、清晰、明确”为原则。

标记内容包括：日期、稀释级别、样品编号。

（6）关于平板制备的注意事项

打开培养皿的方法：左手小指、无名指、中指及一部分掌腹托住平皿底部，食指和拇指张开轻握皿盖侧部，以食指为支点，摆动拇指打开皿盖。打开的皿口应向着酒精灯的外焰。切勿把开口朝向操作人员。

手持锥形瓶中下部将瓶中培养基倾倒入平皿中央位置，锥瓶口不应接触平皿。

培养基应一次注入够量，不应分次加入（除实验特殊规定）。混匀培养基时应将装有混合培养基的平皿于手中顺时针轻微摇匀 2~3 次，平放于桌面上后再次顺时针摇匀 2~3 次，整个过程应在培养基尚未开始凝固时完成。

手中装有培养基的平皿应水平放置于台面上，不应从台面边缘往里推。在位置允许的情况下，应分开平摊放置待凝。

# 四、通用仪器设备及计量器具的使用

## （一）天平

### 电子天平使用注意事项有哪些？

（1）天平须小心使用，称盘和外壳经常用软布和牙膏轻轻擦洗，不可用强腐蚀性溶剂擦洗。

（2）电子天平若长时间不使用，应拨去电源线，并定时通电预热，每周一次，每次预热 2h，以确保仪器始终处于良好使用状态。

（3）不要把过冷和过热的物品放在天平上称量，应待物体和天平室温度达到一致后进行称重。

（4）天平框内应放硅胶干燥剂，干燥剂蓝色消失后应及时烘干。

（5）称量完毕后，及时取出被称物品，并保持天平清洁。

（6）天平应放置在牢固平稳水泥台或木台上，室内要求清洁、干燥及较恒定的温度，同时应避免光线直接照射到天平上。

（7）称量时应从侧门取放物质，读数时应关闭箱门以免空气流动引起天平摆动。

（8）具有挥发性、腐蚀性和强酸强碱类的物质应盛于带盖称量瓶内称量，防止腐蚀天平。

（9）天平载重不得超过最大载荷，被称物应放在干燥清洁的器皿中称量。

## （二）移液器

### 1. 移液器的使用及养护方法是怎样的？

准确的分析方法对于生物化学实验是极为重要的，在各种生物化学分析技术中，首先要熟练掌握的就是准确的移液技术。为此要用到各种形式的移液器，移液器大致分为三类：胶头滴管、移液管、移液枪。

（1）胶头滴管

使用方便，可用于半定量移液，其移液量为1~5mL，常用2mL，可换不同大小的滴头。滴管有长、短两种，新出的一种带刻度和缓冲泡的滴管，可以比普通滴管更准确地移液，并防止液体吸入滴头。

（2）移液管

移液管使用前应洗至内壁不挂水珠，1mL以上的移液管用专用刷子进行刷洗，0.1mL、0.2mL和0.5mL的移液管可用洗涤剂浸泡，必要时可以用超声清洗器清洗。由于铬酸洗液致癌，应尽量避免使用。若有大量成批的移液管洗后冲洗，可使用冲洗桶，将移液管尖端向上置于桶内，用自来水多次冲洗后再用蒸馏水或无离子水冲洗。移液管分为两种，一种是无分度的，又称为单标线吸量管，精确度较高，其容量允差A级为±0.08%（100mL）~±0.7%（1mL），B级为±0.16%（100mL）~±1.5%（1mL），液体自标线流至口端（留有残液），A级等待15s，B级等待3s。另一种移液管为分度移液管，管身为一粗细均匀的玻璃管，上面均匀刻有表示容积的分度线，其准确度低于胖肚移液管，容量允差 A 级为±0.2%（50mL）~±0.8%（1mL），B 级为±0.4%（50mL）~±1.6%（1mL），A 级、B 级在吸管身上有 A、B 字样，有“快”字则为快流式，有“吹”字则为吹出式，无“吹”字的移液管不可将管尖的残留液吹出。吸、放溶液前要用吸水纸擦拭管尖。

（3）移液枪

这种移液器在生化实验中大量地使用，它们主要用于多次重复地快速定量移液，可以只用一只手操作，十分方便。移液枪按照操作动力方式可分为手动移液枪和电动移液枪；按照孔道数量可分为单通道移液枪和多通道移液枪；按照排液方式可分为空气排代式和活塞排代式。

移液枪的准确度（即容量误差）为±（0.5%~1.5%），精密度（即重复性误差）更小些，为≤0.5%。移液枪可分为两种：一种是固定容量的，常用的有 100μL 等多种规格。每种移液枪都有其专用的聚丙烯塑料吸头，吸头通常是一次性使用，当然也可以超声清洗后重复使用，而且此种吸头还可以进行 120℃ 高压灭菌；另一种是可调容量的移液枪，常用的有 200μL、500μL 和 1 000μL等几种。

可调式自动移液枪的操作方法是用拇指和食指旋转取液器上部的旋钮，使数字窗口出现所需容量体积的数字，在移液枪下端插上一个塑料吸头，并旋紧以保证气密，然后四指并拢握住移液枪上部，用拇指按住柱塞杆顶端的按钮，向下按到第一停点，将移液枪的吸头插入待取的溶液中，缓慢松开按钮，吸上液体，并停留 1~2 秒钟（黏性大的溶液可加长停留时间），将吸头沿器壁滑出容器，用吸水纸擦去吸头表面可能附着的液体，排液时吸头接触倾斜的器壁，先将按钮按到第一停点，停留 1 秒钟（黏性大的液体要加长停留时间），再按压到第二停点，吹出吸头尖部的剩余溶液。如果不便于用手取下吸头，可按下除吸头推杆，将吸头推入废物缸。

### 2. 移液枪的主要品牌有哪些？

市场上常用的有：Gilson（吉尔森）、Eppendorf（艾本德）、Rainin（瑞宁）、Brand（普兰德）、Thermo Fisher（赛默飞世尔）、Dragonmed（大龙）等。

### 3. 移液枪使用和注意事项是什么？

在进行分析测试方面的研究时，一般采用移液枪量取少量或微量的液体。对于移液枪的正确使用方法及其一些细节操作，是很多人都会忽略的。现在分几个方面详细叙述。

（1）调节量程

如果要从大体积调为小体积，则按照正常的调节方法，逆时针旋转旋钮即可；但如果要从小体积调为大体积时，则可先顺时针旋转刻度旋钮至超过量程的刻度，再回调至设定体积，这样可以保证量取的最高精确度。在该过程中，千万不要将按钮旋出量程，否则会卡住内部机械装置而损坏了移液枪。

（2）枪头（吸液嘴）的装配

在将枪头（pipette tips）套上移液枪时，很多人会使劲地在枪头盒子上敲几下，这是错误的做法，因为这样会导致移液枪的内部配件（如弹簧）因敲击产生的瞬时撞击力而变得松散，甚至会导致刻度调节旋钮卡住。正确的方法是将移液枪垂直插入枪头中，稍微用力左右微微转动即可使其紧密结合。如果是多道（如 8 道或 12 道）移液枪，则可以将移液枪的第一道对准第一个枪头，然后倾斜地插入，往前后方向摇动即可卡紧。枪头卡紧的标志是略为超过 O 型环，并可以看到连接部分形成清晰的密封圈。

### 4. 使用移液枪移液的具体方法是什么？

移液之前，要保证移液枪、枪头和液体处于相同温度。吸取液体时，移液枪保持竖直状态，将枪头插入液面下2~3mm。在吸液之前，可以先吸放几次液体以润湿吸液嘴（尤其是要吸取黏稠或密度与水不同的液体时）。这时可以采取两种移液方法。

一是前进移液法。用大拇指将按钮按下至第一停点，然后慢慢松开按钮回原点。接着将按钮按至第一停点排出液体，稍停片刻继续按按钮至第二停点吹出残余的液体。最后松开按钮。

二是反向移液法。此法一般用于转移高黏液体、生物活性液体、易起泡液体或极微量的液体，其原理就是先吸入多于设置量程的液体，转移液体的时候不用吹出残余的液体。先按下按钮至第二停点，慢慢松开按钮至原点。接着将按钮按至第一停点排出设置好量程的液体，继续保持按住按钮位于第一停点（千万别再往下按），取下有残留液体的枪头，弃之。

**5. 移液枪如何正确放置?**

使用完毕，可以将其竖直挂在移液枪架上，但要小心别掉下来。当移液枪的枪头里有液体时，切勿将移液枪水平放置或倒置，以免液体倒流腐蚀活塞弹簧。

**6. 移液枪怎样维护?**

（1）定期清洁移液枪，用酒精棉即可，主要擦拭手柄、弹射器及白套筒外部。

（2）定期检查移液枪的密封状况，一旦发现密封老化或出现漏液，须及时更换密封圈。

（3）每年对移液枪进行定期校正。

（4）绝大多数移液枪，在使用前和使用一段时间后，要给活塞涂上一层润滑油以保持密封性。

（5）使用中若液体不小心进入活塞室应及时清除污染物。

（6）在吸取过高挥发或高腐蚀液体后，应将整支移液枪拆开，用蒸馏水冲洗活塞杆及白套筒内壁，并在晾干后安装使用。以免挥发性气体长时间吸附于活塞杆表面，对活塞杆产生腐蚀，损坏移液枪。

（7）根据材料不同决定，移液枪可以进行紫外消毒、高压消毒。

（8）发现问题及时找专业人员处理，经过专业训练的人员才能拆除枪体。

## （三）离心机

离心机是一种结构复杂的高速旋转机械，利用转头绕轴高速旋转所产生的强大离心力，使样品中不同性质颗粒相互分离的特殊装置，可以实现样品的分析、分离。

### 1. 离心机的分类有哪些？

离心机是实验室常见的分离仪器，样式和型号比较多，按温度可分为冷冻离心机和常温离心机。按容量可分为微量离心机、大容量离心机和超大容量离心机。按外型可分为台式离心机和落地式离心机。按用途可分为分析式离心机和制备式离心机。按转速分为低速离心机 <8 000r/min、高速离心机 8 000~30 000r/min、超速离心机 30 000~80 000r/min 和超高速离心机 >80 000r/min。

### 2. 离心机的操作及注意事项是怎样的？

（1）离心机应水平放置，在离心机投入使用前，或移动过位置以及常时间离心后，必须进行离心机水平调整，否则会引起转头运转严重不平衡；距墙 10cm 以上，并保持良好的通风环境，免受热源和太阳光线的直接照射，室内温度不宜超过 30℃，否则会影响冷冻离心机制冷效果。

(2) 严格按照离心机操作规程使用，超速离心机应在专门管理人员操作下使用。

(3) 绝对不允许超过转子的最大转数、能承受的最大离心力和最大允许速度使用，不能在高速运转时使用低速度转子。

(4) 绝对不允许未配平的情况下运行离心机。样品务必在离心管重量平衡后对称放入转子内，否则在非对称的情况下负载运行，就会使轴承产生离心偏差，引起离心机剧烈振动，严重的会使离心机转轴断裂。在超速离心时离心管有要求对号入座的，平衡后对称放入。使用水平转子时，一定要检查离心管是否挂牢，务必按对应的号码放置离心管，离心管也要专机使用，不能混用，否则会损伤转头。

(5) 使用时准确组装转头，小心地将转头放稳在离心轴上。离心管平衡后对称地放入转头内，转头与轴承固定于一体，防止转头在高速时与转轴发生松动，导致转子飞离出离心机而发生意外。

(6) 将离心腔门或盖子关好以及转子盖子拧紧。

(7) 开机后，离心机转速还未达到预置转速时，操作者不要离开离心机，直到运转正常方可离开，要随时观察运行情况。在运行中，当发现异常情况时必须立即按“STOP”键，进行适当处理。在运行过程中，突然停电，必须将电源切断，等待转头慢慢靠惯性减速，直到转头速度减为“0”，采用手动将离心腔门打开，取出样品和转头。

(8) 每次使用后，必须将转头取出，擦拭或者清洗干净，放置在干燥的地方晾干。

### 3. 怎样维护离心机?

(1) 每周要开机一次，放一个转头在低速（3 000~5 000r/min）的情况下运行 30min，保证离心机运转正常。

（2）定期用水平仪放在离心轴或离心体上看是否水平，若不平，必须调整后才能使用。

（3）每次使用离心机后，必须将转头马上取出并清洁或晾干，放在通风的位置。

（4）定期给离心转轴涂抹润滑脂，磨损过度的垫圈立即更换。离心机腔体盖边缘涂抹真空脂，防止密封圈老化，应定期检查有无变形。

（5）每次使用离心机，必须做详细记录，一年做一次统计。对于超速离心机，整机和所用转头都有一定的寿命，整机保用160亿转，铝转头可用1 000次、2 500h，钛转头可使用5 000次、10 000h，若到达寿命，必须降级或减速使用。

（6）离心机的主要附件是转头和离心管等，使用时应严格按其说明书使用，平时应注意他们的清洁、消毒、保养，若转头离心孔、离心管底或壁上有明显裂纹，就不能使用。

（7）不同厂家的转头不能混用，应该是配套使用，否则会减少转头的寿命，甚至损坏离心机。

## （四）滴定管

### 1. 滴定管的构造及其准确度是怎样的？

滴定管是容量分析中最基本的测量仪器，它是由具有准确刻度的细长玻璃管及开关组成，是在滴定时用来测定自管内流出溶液的体积。一般常用滴定管有50mL或25mL，刻度小至0. 1mL，计数可估计到0. 01mL。

### 2. 滴定管的种类有哪些？

（1）酸式滴定管

酸式滴定管下方的活塞为玻璃材质，开启活塞，液体即自管内滴出。使用前，先取下活塞，洗净后用滤纸将水吸干或吹干，然后在活塞的两头涂一层很薄的凡士林油（切勿堵住塞孔）。装上活塞并转动，使活塞与塞槽接触处呈透明状态，最后装水试验是否漏液。不得用于装碱性溶液，因为玻璃的磨口部分易被碱性溶液腐蚀，使塞子无法转动。

（2）碱式滴定管

碱式滴定管下端用橡皮管连接一支带有尖嘴的小玻璃管。橡皮管内装有一个玻璃圆球。用左手拇指和食指轻轻地往一边挤压玻璃球外面的橡皮管，使管内形成缝隙，液体即从滴管滴出。挤压时，手要放在玻璃球的稍上部。如果放在球的下部，松手后会在尖端玻璃管中出现气泡。不宜于装对橡皮管有腐蚀性的溶液，如碘、高锰酸钾和硝酸银等。

## 3. 使用滴定管有哪些注意事项?

（1）滴定管使用前必须试漏。滴定管活塞不涂油脂，注水至全容量，垂直静置 15min，所渗漏的水不超过最小分度值，即可使用。

（2）向滴定管注入标准液时，应先用少量标准液把滴定管润洗 2~3 次。注入标准液至“0”刻度以上几厘米，如是酸式滴定管，转动活塞使溶液急速充满尖嘴，并不得存有气泡；如是碱式滴定管，将乳胶管向上弯曲，挤捏管内玻璃球，使溶液充满胶管和玻璃尖嘴。调整滴定管内液，使其处于“0”刻度。

（3）读数时，滴定管必须保持垂直。

（4）装好或放出溶液后，应静置片刻，待附着在内壁上的溶液流下之后再读数。

（5）读数者的视线必须与管内凹液面处于同一水平线上。

（6）标准溶液如是深色（如 $KMnO_4$ 溶液），读数时可以凹液面两侧最高处与视线处于同一水平线为准。最小分度如是0.1mL读数时应估读至0.01mL。

（7）滴定管用毕暂时不再使用时，应洗净并擦净活塞，在活塞处应垫一张纸条，以防粘连。

## （五）分液漏斗

分液漏斗使用时有哪些注意事项？

使用前玻璃活塞应涂薄层凡士林，但不可太多，以免阻塞流液孔。使用时，左手虎口顶住漏斗球，用拇指食指转动活塞控制加液。此时玻璃塞的小槽要与漏斗口侧面小孔对齐相通，方便加液顺利进行。分液漏斗不能加热。分液漏斗用作加液器时，漏斗下端不能浸入液面下。振荡时，塞子的小槽应与漏斗口侧面小孔错位封闭塞紧。分液时，下层液体从漏斗颈流出，上层液体要从漏斗口倾出。漏斗用后要洗涤干净。长期不用分液漏斗时，应在活塞面加夹一纸条防止粘连。

## （六）容量瓶

容量瓶使用时需注意什么？

容量瓶使用前需要检验是否漏水。容量瓶的容积是特定的，刻度不连续，所以一种型号的容量瓶只能配制同一体积的溶液。在配制溶液前，先要弄清楚需要配制溶液的体积，然后再选用相同规格的容量瓶。不能在容量瓶里进行溶质的溶解，应将溶质在烧杯中溶解后转移到容量瓶里。用于洗涤烧杯的溶剂总量不能超过容量瓶的标线，一旦超过，必须重新进行配制。容量瓶不能进行加热。如果溶质在溶解过程中放热，要待溶液冷却后再进行转移，因为温度升高瓶体将膨胀，所量体积就会不准确。容量瓶只能用于配制溶液，不能储存溶液，因为溶液可能会对瓶体进行腐蚀，从而使容量瓶的精度受到影响。容量瓶用毕应及时洗涤干净，塞上瓶塞，并在塞子与瓶口之间夹一条纸条，防止瓶塞与瓶口粘连。

# 五、专用仪器设备的使用

## （一）冰点仪

冰点仪的主要用途是什么?

冰点仪是用来准确检测生鲜乳中加水的情况，由于生鲜乳中溶解了脂肪、蛋白质等各种成分，所以冰点比水低，正常生鲜乳冰点范围为-0.500~-0.560℃，平均为-0.530℃，而水的冰点是0℃。生鲜乳中若加水，则整个样品的冰点则上升，正常情况下掺水1%，混合样品的冰点大约升高0.0053℃，当掺水100%时，温度升高时0.530℃，这时仪器显示出的冰点温度为0℃，而显示掺水就是100%。冰点仪就是利用温度探头把混合样品冰点的温度测出来，利用仪器内部的计算公式把生鲜乳样品中掺水的百分比得出来的。

## （二）酶标仪

酶标仪的维护与注意事项有哪些?

（1）保证测量数据的准确可靠，开机后应预热15min。更换滤光片时，必须先切断电源。更换结束后，方可再接通电源。

（2）实验过程中，测量的样本及试剂可能具有病毒传染性及腐蚀性，操作人员应注意采用有效的防护措施，实验完的废弃物应弃于被管理的专用废弃箱中等待统一处理。如果，实验中不小心将样本或试剂泼洒到仪器上，应及时断开酶标仪电源。

（3）开始检测前应检查周围环境，为保证酶联仪持续的稳定性和准确性，应避免任何能干扰或腐蚀光、电学系统的物品靠近系统。

（4）为保持光学系统的清洁，应避免任何液体流入滤光片座中，应防尘、防止其他损害性物质请勿用手或其他硬性介质、触摸滤光片。

（5）更换滤光片或换保护盖前，必须关闭电源。更换之后，方可接通电源，仪器不工作时应将防尘盖盖在滤光片上。仪器应置于通风干燥处，注意防潮。仪器若长期不用，每周至少应通电一次，每次两小时左右。仪器长时间不工作（一个月以上），应将滤光片放入干燥盒中，以延长滤光片使用寿命，同时安装上保护盖。

（6）仪器长时间不工作时，应该从电源插座拔下酶联仪的电源插头，确保仪器与电网脱离。

（7）清洁光学系统：用防尘盖旋下滤光片座，取出滤光片，用无绒布或擦镜纸轻擦滤光片，然后再放回座中，旋紧压环，重新置于仪器上。

（8）每天关闭仪器后，使用一次性手套，用一次性擦布沾水或去污剂，清洁仪器外表面。

## （三）分光光谱仪

### 1. 分光光谱仪的主要用途是什么？

分光光谱仪，又称光谱仪（spectrometer），是将成分复杂的光，分解为特定波长光谱线的科学仪器。测量范围一般包括波长范围为 380~780nm 的可见光区和波长范围为 200~380nm 的紫外光区。不同的光源都有其特有的发射光谱，因此可采用不同的发光体作为仪器的光源。钨灯的发射光谱：钨灯光源所发出的 380~780nm 波长的光谱光通过三棱镜折射后，可得到由红、橙、黄、绿、蓝、靛、紫组成的连续色谱，该色谱可作为可见光分光光谱仪的光源。

分光光谱仪采用一个可以产生多个波长的光源，通过系列分光装置，从而产生特定波长的光源，光线透过测试的样品后，部分光线被吸收，计算样品的吸光值，从而转化成样品的浓度。样品的吸光值与样品的浓度成正比。

## 2. 分光光谱仪的工作原理是什么?

单色光辐射穿过被测物质溶液时，被该物质吸收的量与该物质的浓度和液层的厚度（光路长度）成正比，其关系如下式：

$$A=-\lg (I/I_0) = -\lg T=kLc$$

式中：$A$ 为吸光度；

$I_0$为入射的单色光强度；

$I$ 为透射的单色光强度；

$T$ 为物质的透射率；

$k$ 为摩尔吸收系数；

$L$ 为被分析物质的光程，即比色皿的边长；

$c$ 为物质的浓度。

物质对光的选择性吸收波长，以及相应的吸收系数是该物质的物理常数。当已知某纯物质在一定条件下的吸收系数后可用同样条件将该供试品配成溶液，测定其吸收度，即可由上式计算出供试品中该物质的含量。在可见光区，除某些物质对光有吸收外，很多物质本身并没有吸收但可在一定条件下加入显色试剂或经过处理使其显色后再测定，故又称比色分析。由于显色时影响呈色深浅的因素较多，且常使用单色光纯度较差的仪器，故测定时应用标准品或对照品同时操作。

## （四）离子色谱仪

### 1. 什么是离子色谱?

离子色谱是液相色谱的一种，是分析阴阳离子和小分子极性有机化合物的一种液相色谱方法。离子色谱系统可以进行抑制型或非抑制型电导检测，组成部件主要由淋洗液、高压泵、进样阀、保护柱与分离柱、抑制器、电导池和数据处理系统组成。

首先分析已知组成和浓度的标准样品溶液，由数据处理系统生成校正曲线，在分析经过必要前处理的样品溶液，数据处理系统将其结果与先前生成的校正曲线进行比较，完成定性或定量的计算，得到样品结果。

### 2. 离子色谱仪的分离方式有哪些?

离子色谱仪的分离机理主要是离子交换，有三种分离方式：一是离子交换色谱（HPIC），分离机理主要是离子交换（HPIEC）；二是离子排斥色谱，分离机理主要是离子排斥；三是离子对色谱（MPIC），主要基于吸附和离子对的形成。在生鲜乳检测中常用到的是离子交换色谱（HPIC），主要用于无机和有机阴、阳离子的分离。

### 3. 离子色谱仪主要操作步骤是怎样的?

以 ICS-1100 型号离子色谱仪为例进行介绍。

（1）开机连接电源

打开 ICS-1100 后面板的电源开关。接通计算机电源，通过计算机启动 Chromeleon 软件操作系统。

（2）设置淋洗液体积

根据所用色谱柱说明书的要求配制淋洗液。如果仪器自带淋洗液发生装置，可不用自己配制。自己配制的淋洗液需要进行脱气处理，可采用超声的方式进行脱气，并用氮气对淋洗液装置进行加压保存，避免因人工配制的淋洗液中的气泡对泵和检测池的影响。ICS-1100 可以根据流速和运行时间显示淋洗液的消耗程度，体积少于 200mL 时自动发出警报，在 100mL 和 0mL 时再次警告。

（3）检查流路连接情况

首先对整体管路进行排气处理。旋紧右侧泵头的气动阀，旋松左侧泵头的废液阀后，以正常流速开泵，等待废液阀下方管路中见不到气泡后停泵，并旋紧废液阀，注意不要过紧。至此管路排气操作完成，打开流速和抑制器。

（4）建立仪器检测方法

根据待测样品指定检测方法，对仪器进行参数设定，例如泵压力的设置，压力下限一般设置在 200psi 左右，压力上限一般设为 3 000psi。淋洗液的设置，不同检测方法设置也不同，有等度淋洗和多步梯度淋洗。需要注意的是，淋洗液梯度的设置需要在编辑仪器方法的脚本编辑器中进行插入命令，如不了解可咨询工程师进行编辑。

样品序列的设置，根据检测方法设定标准曲线序列和待测样品序列。如果是配备自动进样器，需要对序列进行分级和样品位置等的设定。手动进样器则需要人工进行进样。

方法建立完成后需要进行保存，保存时注意切不可覆盖或删除他人已建方法，避免检测方法删除的不可逆。

（5）平衡系统

在上述操作都已完成的情况下，对系统进行平衡处理，检测基线噪声，观察电导率值的大小，一般在 2μs 左右就可以进行检测。如果长期使用的情况下，平衡半小时左右即可；反之，需要更长时间进行系统平衡。

(6) 使用记录

在使用前和使用后，需对仪器进行状态的确定和记录，并及时上报仪器管理者，不可私自拆卸。

**4. 离子色谱常见问题及其可能原因是什么?**

(1) 压力异常现象

① 无压力，流动相不流动。可能原因：保险丝断或电源问题；柱塞杆折断；泵头内有空气或流动相不足；单向阀损坏或单向阀上粘附固体颗粒；漏液；压力传感器损坏（流动相流动正常，但无压力）。

② 压力持续偏高或不断上升。可能原因：流速设定过高；保护柱或色谱柱筛板堵塞；流动相使用不当或有缓冲盐析出；色谱柱选择不当；进样阀损坏或堵塞；线路过滤器堵塞；管路拧得过紧堵塞。

③ 压力持续偏低。可能原因：流速设定过低；色谱柱选择不当；柱温过高；系统漏液。

④ 压力波动。可能原因：泵头中有气泡；单向阀损坏；柱塞密封圈损坏；脱气不充分；系统漏液；使用了梯度洗脱。

(2) 漏液现象

① 接头处漏液。可能原因：接头处松动；接头磨损；部件不匹配。

② 泵漏液。可能原因：单向阀松动；泵密封损坏；排液阀损坏；接头松动（不要拧得太紧）。

③ 进样阀漏液。可能原因：转子密封损坏；定量环堵塞；进样口密封松动；进样针尺寸不合适；废液管产生虹吸；废液管堵塞。

④ 检测器漏液。可能原因：手紧接头处漏液；废液管堵塞；流通池堵塞。

（3）保留时间漂移

可能原因：柱温或室温变化；流动相组分变化；色谱柱没有平衡；流速变化；泵中有气泡；流动相选择不当。

（4）基线问题

① 基线漂移。可能原因：温度波动；流动相不均匀（脱气，使用纯度更高的试剂）；电导池被污染或有气泡；流动相配比不当或流速变化；柱子平衡（30～60min）；流动相污染，变质或由低品质试剂配成；样品中有强保留的物质以馒头样峰被洗出。

② 基线噪声（规则的）。可能原因：流动相、泵、检测器中有气泡；有地方漏液；流动相混和不均匀；温度影响（环境温度波动太大）；其他电子设备的影响。

③ 基线噪声（不规则的）。可能原因：流动相污染、变质或由低质溶剂配成；有地方漏液；流动相各溶剂不相溶或混和不均匀；电导池污染；电导池内有毛刺；系统内有气泡。

（5）峰形异常

① 前沿峰、拖尾峰。可能原因：柱塞板堵塞；色谱柱塌陷；柱外效应；干扰峰；平衡不足或不合适；重金属污染；样品溶剂选择不当；样品过载；柱温过低。

② 分叉峰。可能原因：保护柱或分析柱污染；样品溶剂不溶于流动相。

③ 峰展宽。可能原因：进样体积过大；流动相黏度过高；检测池体积过大；保留时间过长；柱外体积过大；样品过载。

④ 峰变形。可能原因：样品过载；样品溶剂选择不当。

⑤ 鬼峰。可能原因：进样阀残余峰；样品中未知物；柱未平衡；水污染。

（6）AS-DV（自动进样器）故障

无进样动作。可能原因：TTL 远程控制没有连接；USB 连接线没有连接；进样瓶没有被正确感知（确保样品瓶中安装了瓶盖，没有盖子的瓶子被视为是空的，确保安装瓶盖以后，瓶盖凹槽内没有液体。样品瓶感应器被堵塞、弄脏，请检查并清洗）。

（7）抑制器发生故障

① 无电流。可能原因：一是抑制器电源接口接触不良或仪器的恒流电源坏了。可检查接触是否良好，如接触不良，请将其插好。二是抑制器损坏，互换抑制器电源正负极，检查抑制器是否可加电流。如互换电源正负极后可加电流，而再换回后又不能加了，说明抑制器坏了，应更换新抑制器。

② 电导高。可能原因：电流小，需加大电流；存在污染，电流加至 100mA，互换电源正负极并以淋洗液冲洗，每次互换后冲洗 10min。如此反复数次，直至电导降为正常值为止。

## 5. 离子色谱日常维护部件及维护方法有哪些？

（1）AS-DV（自动进样器）日常维护

① 周期维护：定期检查一下转盘，不要有泄漏；定期清洗一下残留的污迹。

② 年度维护：重新安装高压切换阀；更换 AS-DV（自动进样器）的针和管线。

（2）抑制器的维护

① 抑制器必须在开泵后，抑制器内有液体通过后，才能打开抑制器电源开关施加电流。否则会缩短抑制器使用寿命，如果一直长时间在没有液体通过的情况下加电流，抑制器会烧坏。因为有电流通过后，电解水产生气泡，气泡会将再生室中存的液体带出，以废液形式排出。而此泵没运行，就没有液体进入抑制器，再生室的液体越来越少，最后就干了，抑制器两电极间电阻

增高，抑制器即会发热烧坏。

② 在通水的情况下，尽量不要加电流，除非有特殊用途。因为在通水时，抑制器没有淋洗液要去抑制，实际上这时是不需要抑制器工作的。此时如果加电流，会白白损耗电极，使用寿命缩短。

③ 长时间不用时，应将抑制器通水后封存，每 1~2 周通一次水。

④ 样品应经过处理，去除重金属离子和有机物，未经处理的样品直接进样会使抑制寿命缩短，严重的一针样品即可使抑制器损坏。

（3）色谱柱的维护

色谱柱是离子色谱仪的核心部件之一，样品中各种离子的分离是在色谱柱中完成的。因此，色谱柱的保养尤为重要。

① 防止气泡对色谱柱的干扰。

仪器较长时间不用时，要将恒流泵进液的过滤头一直放在水中，避免在空气中干燥吸附气体，再使用的时候一定要检查整个流动管路中是否有气泡，如果有要先将气泡排出后再将色谱柱接上，防止将气泡带到色谱中。因为色谱柱中装填的树脂颗粒是很小的，气泡进入后将影响树脂和样品中离子的交换，同时气泡也将影响基线的稳定性。

② 色谱柱的清洁与维护。

色谱柱在任何情况下不能碰撞、弯曲或强烈震动；当色谱柱和色谱仪联结时，阀件或管路一定要清洗干净；要注意流动相的脱气；避免使用高黏度的溶剂作为流动相；实际样品在测定时要经过预处理，严格控制进样量。

（4）管路输液系统的维护

① 防止堵塞输液系统。

水样做离子色谱分析前，必须先行稀释并过滤处理后方可进样。

② 防止气泡进入输液系统。

因为气泡的进入会影响分离效果和检测信号的稳定性，所以离子色谱仪输液系统不能进入气泡。纯水必须经过真空泵脱气处理，脱气效果的好坏直接关系到仪器是否正常运转，这是整个仪器操作的关键，要求现用水现脱气（如中午停机，下午开机时也要现脱气，特别是夏天）。

## （五）液相色谱仪

### 1. 液相色谱仪的主要部件组成有哪些?

液相色谱仪是指利用混合物在液-固或不互溶的两种液体之间分配比的差异，对混合物进行先分离，而后分析鉴定的仪器。根据固定相是液体或是固体，又分为液-液色谱（LLC）及液-固色谱（LSC）。

液相色谱仪系统由储液器、泵、进样器、色谱柱、检测器、记录仪等几部分组成。储液器中的流动相被高压泵打入系统，样品溶液经进样器进入流动相，被流动相载入色谱柱（固定相）内。由于样品溶液中的各组分在两相中具有不同分配系数，在两相中作相对运动时，经过反复多次的吸附-解吸的分配过程，各组分在移动速度上产生较大差别，被分离成单个组分依次从柱内流出，通过检测器时，样品浓度被转换成电信号传送到记录仪，数据以图谱形式打印出来。液相色谱仪主要有进样系统、输液系统、分离系统、检测系统和数据处理系统。

### 2. 液相色谱仪的主要工作原理是什么?

液相色谱仪原理就是利用待分离的各种物质在两相中的分配系数、吸附能力等亲和能力的不同来进行分离的。使用外力使含有样品的流动相（气体、液体）通过一固定于柱中或平板上、与流动相互不相溶的固定相表面。当流动相中携带的混合物流经固定相时，混合物中的各组分与固定相发生相互作用。

由于混合物中各组分在性质和结构上的差异，与固定相之间产生作用力的大小、强弱不同，随着流动相的移动，混合物在两相间经过反复多次的分配平衡，使得各组分被固定相保留的时间不同，从而按一定次序由固定相中先后流出。与适当的柱后检测方法结合，实现混合物中各组分的分离与检测。

### 3. 流动相注意事项主要有哪些？

流动相应选用色谱纯试剂、高纯水或双蒸水，酸碱液及缓冲液需经过滤后使用，过滤时注意区分过滤膜是适用于水相、有机相还是通用类型；水相流动相需经常更换（一般不超过 2 天），防止长菌变质；使用双泵时，A、B、C、D 四相中，若所用流动相中有含盐流动相，则 A、D（进液口位于混合器下方）放置含盐流动相，B、C（进液口位于混合器上方）放置不含盐流动相；A、B、C、D 四个储液器中其中一个为棕色瓶，用于存放水相流动相。

### 4. 样品前处理时的注意事项主要有哪些？

采用过滤或离心方法处理样品，确保样品中不含固体颗粒；用流动相或比流动相弱（若为反相柱，则极性比流动相大；若为正相柱，则极性比流动相小）的溶剂制备样品溶液，尽量用流动相制备样品液；手动进样时，进样量尽量小，使用定量管定量时，进样体积应为定量管的 3~5 倍。

### 5. 色谱柱的使用注意事项主要有哪些？

使用前仔细阅读色谱柱附带的说明书，注意适用范围，如 pH 值范围、流动相类型等；使用符合要求的流动相；尽量使用保护柱；如所用流动相为含盐流动相，反相色谱柱使用后，先用水或低浓度甲醇水（如5%甲醇水溶液），再用甲醇冲洗；色谱柱在不使用时，应用甲醇冲洗，取下后紧密封闭两端保存；不要在高温下长时间使用硅胶键合相色谱柱。对于反相柱可以储存于纯甲醇或乙腈中，正相柱可以存放于严格脱水后的纯正己烷中，离子交换柱可以储存于水中。

### 6. 液相色谱仪开机操作主要步骤有哪些?

（1）开机前准备

检查各种洗针液、清洗柱塞杆液是否还够；配制流动相；流动相脱气，脱气的目的是为了除去流动相中溶解的气体，使色谱泵的输液准确，保留时间和色谱峰面积再现性提高，基线稳定、信噪比增加、防止气泡引起尖峰，目前常用的脱气方法主要是超声脱气法：流动相放在超声波容器中，用超声波振荡10~15min；检查色谱柱是否与方法匹配；检查所需检测器是否连接在整个流路中，因为主机经常带有多个检测器。

（2）电脑与主机开机顺序

不同型号的仪器开机顺序不同，有的先开主机再开电脑，有的需要先开电脑再开主机，有的没有特殊要求。

① 打开冲洗泵头的10%异丙醇溶液的开关（需用针捅抽），控制流量大小，以能流出的最小流量为准；注意各流动相所剩溶液的容积设定，若设定的容积低于最低限会自动停泵，注意洗泵溶液的体积，及时加液；使用过程中要经常观察仪器工作状态，及时正确处理各种突发事件。

② 先以所用流动相冲洗系统一定时间（如所用流动相为含盐流动相，必须先用水冲洗20min以上再换上含盐流动相），正式进样分析前30min左右开启D灯或W灯，以延长灯的使用寿命。

③ 建立色谱操作方法，注意保存为自己命名的 Method，勿覆盖或删除他人的方法及试验结果。

④ 使用手动进样器进样时，在进样前和进样后都需用洗针液洗净进样针筒，洗针液一般选择与样品液一致的溶剂，进样前必须用样品液清洗进样针筒 3 遍以上，并排出针筒中的气泡。

⑤ 溶剂瓶中的沙芯过滤头容易破碎，在更换流动相时注意保护，当发现过滤头变脏或长菌时，不可用超声洗涤，可用 5% 稀硝酸溶液浸泡后再洗涤。

⑥ 试验结束后，一般先用水或低浓度甲醇水溶液冲洗整个管路 30min 以上，再用甲醇冲洗。冲洗过程中关闭 D 灯、W 灯。

⑦ 关机时，先关闭泵、检测器等，再关闭工作站，然后关机，最后自下而上关闭色谱仪各组件，关闭洗泵溶液的开关。

⑧ 使用者须认真履行仪器使用登记制度，出现问题及时向仪器管理员报告，不要擅自拆卸仪器。

## 7. 液相色谱仪主要维护保养程序是怎样的?

（1）流动相溶剂瓶的保养

溶剂瓶是流动相的起点，通常是盛放水相溶液或是有机相溶液，对于水相溶液来说，首要的问题是防止污染。虽然液相用的水大都经过杀菌处理，但是细菌的生命力很顽强，在适当的温度和光照情况下，它们就会活跃起来，如果在流动相里加入磷酸盐一类的添加剂，它们更是如虎添翼。所以，对于溶剂瓶我们要做的非常重要的工作就是勤换流动相，常换常新。

（2）有机相溶液

对于有机相溶液，可以不用担心细菌繁殖的问题。但是有机相容易发生聚合，特别是乙腈在适宜的光照条件下极易发生聚合，瓶子里就会出现一些絮状的聚合沉淀物。为了防止聚合过程的发生，装乙腈时要用棕色的溶剂瓶，避免阳光直射，更换乙腈时应当弃去瓶底剩余的溶液。

（3）清洗过滤

溶剂瓶里的过滤头，其作用是为了防止溶液瓶中的颗粒杂质进入到仪器的流路系统中，它的材质通常分为玻璃烧结石英和不锈钢，如果不慎堵塞会造成流动相吸液不畅，因此必须进行清洗。玻璃材质的通常是用稀硝酸泡，而不锈钢材质的可以直接进行超声清洗。

（4）高压泵的保养

泵是液相色谱的核心，泵将流动相从溶剂瓶输送到液相流路系统中，并要在高压下保持流量和压力的稳定。状态正常的高压泵是液相色谱准确分析的基础，所以平日一定要重视对泵的维护。

① 泵压力波动。很多情况下，泵的问题反映在压力上，压力波动又是最常见的一类问题。泵正常的压力波动通常会在2%以内，且平稳规律；不正常的波动通常由气泡和盐造成。如果流动相中的气泡没有被脱气机除掉而到了泵以后，就会造成压力波动，通常我们可以通过重新清洗（purge）流路和再次脱气流动相加以解决。

② 过滤白头保养。在泵的维护里还有一项常做的工作就是更换清洗阀上的过滤白头，通常判断的标准是纯水以5mL/min流速清洗的时候，如果压力超过1MPa则考虑更换。根据更换下来的过滤白头，可以大致判断仪器的使用状况。如果白头是白色的且不脏，但是堵，那有可能是流动相中有盐析出造成的；如果白头是灰黑色的，这是最常见的状况，是由于泵头密封垫磨损造成的；如果白头是黄色、绿色等怪异的颜色，仪器污染较严重，可能是流动相里的微生物造成的。

除此之外，在泵的使用过程中，常常会遇到更换流动相的情况，这种更换是指从反相溶剂更换到正相溶剂或者反过来的过程。这个过程要考虑流动相的兼容性，常用的正反相色谱溶剂是不互溶的，所以在更换期间，一定要用异丙醇彻底冲洗系统，保证管路里所有的原有溶剂都被异丙醇替换掉后再更换流动相。

（5）进样器的保养

进样器分手动和自动两大类，虽然两者工作模式不同，但使用的要点是基本一致的。

① 防止交叉污染，自动进样器最常见的问题是交叉污染，交叉污染产生的原因很直接，样品残留在进样针内外表面，并随下一次进样进入色谱系统。要解决交叉污染，主要靠清洗。自动进样器都会有洗针的功能，如果样品浓度较高或者是吸附性比较强，一定要打开此功能；如果未打开洗针功能，污染可能已经残留在了针座或流通阀上，那么这两个部件需及时超声清洗。出现在自动进样器上的另外一个问题是峰面积重现性差，考虑可能与自动进样器吸取样品有关。首先观察样品的液面是不是足够高，以保证进样器可以吸到样品。排除这个问题后，再察看自动进样器的设置，对于一些黏度大的样品，要降低自动进样器的吸取速度。

② 精细操作。手动进样器的操作要点大致相同，应使用液相色谱仪专用平头进样针，进样时插针应插到底，不使用时将针头留在进样器内，使用前后都要及时清洗。

（6）检测器的保养

目前市场上检测器的种类繁多，而且各有特性。以最常用的紫外（VWD）/二极管阵列（DAD）检测器来说，这两类都是紫外类的检测器，虽然光路设计不同，但是本质原理都是相同的。

① 光源部分。检测器中非常重要的部件是光源，光源对发射能量有要求，一旦能量衰减到一定程度，就会出现基线噪声变大、灵敏度降低等一系列影响使用的问题，因此光源是一个消耗

品。通常紫外灯的寿命是 2 000h，当到达这个时限的时候，我们就要特别关注灯的能量状况，可以通过仪器维护软件中自带的“灯能量测试”功能来判断，测试的结果会分别评估低、中、高三个波长段的能量，一旦某个波长段的测试结果显示失败，就表示需要更换灯。

② 检测池。检测器中另一个重要部件是检测池，也叫流通池。通常大家最关心的一个问题是检测池被堵掉，因为检测池通常不是很耐压，所以一旦被堵就很可能造成损坏。事实上检测池通常不太容易被堵，原因是几乎所有的颗粒杂质都会被色谱柱拦下了，所以堵塞检测器的东西基本都不是来自样品的，很可能是后来“产生”的，比如含盐流动相残留在检测池中导致盐析出。

## （六）原子吸收光谱仪

### 1. 什么是原子吸收光谱仪?

原子吸收光谱仪又称原子吸收分光光谱仪，根据物质基态原子蒸汽对特征辐射吸收的作用来进行金属元素分析。它能够灵敏可靠地测定微量或痕量元素。原子吸收分光光谱仪一般由四大部分组成，即光源、试样原子化器、检测系统（单色仪）和数据处理系统。原子化器主要有两大类，即火焰原子化器和电热原子化器。火焰有多种火焰，目前普遍应用的是空气–乙炔火焰。电热原子化器普遍应用的是石墨炉原子化器，因而原子吸收分光光谱仪，就有火焰原子吸收分光光谱仪和带石墨炉的原子吸收分光光谱仪。前者原子化的温度在 2 100~2 400℃，后者在 2 900~3 000℃。

### 2. 原子吸收光谱仪的原理是什么?

元素在热解中被加热原子化，成为基态原子蒸汽，对空心阴极灯发射的特征辐射进行选择性吸收。在一定浓度范围内，其吸收强度与试液中被测元素的含量成正比。利用待测元素的共振辐射，通过其原子蒸汽，测定其吸光度的装置称为原子吸收分光光谱仪。主要用于痕量元素的分析，具有灵敏度高及选择性好两大主要优点。

### 3. 原子吸收光谱仪在生鲜乳中主要检测哪些元素？

火焰原子吸收分光光谱仪，利用空气-乙炔测定的元素可达30多种，若使用氧化亚氮-乙炔火焰，测定的元素可达70多种。但因为火焰法的灵敏度较低，所以在生乳检测中不使用火焰法检测。石墨炉原子吸收分光光谱仪，可以测定近50种元素。石墨炉法进样量少、灵敏度高，大多数元素的检测灵敏度都可以达到ng/mL（μg/kg）。目前在生乳中主要是检测Pb（铅）、Cd（镉）、Cr（铬）等元素的痕量分析。

### 4. 原子吸收光谱仪的使用步骤是怎样的？

（1）打开稳压电源，待电压稳定在220V后开主机电源开关。

（2）打开空气压机。

（3）打开燃气钢瓶主阀，乙炔钢瓶主阀最多开启一圈，压力调节到0.8～1.0MPa；打开乙炔气分压表，压力调节到0.4MPa。在使用石墨炉原子吸收时打开氩气钢瓶，压力的调节同乙炔气瓶。

（4）开排风扇和冷却水（采用石墨炉原子吸收时）。

（5）装上待测元素空心阴极灯，调节灯电流与波长至所需值，灯预热半小时后开始检测样品。

（6）检测完成后，要将气路中的气体排空后再关毕原子吸收光谱仪。

### 5. 原子吸收分光光谱仪光源如何保养？

空心阴极灯应在最大允许工作电流以下范围内使用。不用时不要点灯，否则会缩短灯的使用寿命；但长期不用的元素灯则需每隔一两个月在额定工作电流下点燃15~60min，以免性能下降。光源调整机构的运动部件要定期加油润滑，防止锈蚀甚至卡死，以保持运动灵活自如。

### 6. 原子吸收分光光谱仪原子化系统如何保养?

每次分析操作完毕，特别是分析过高浓度或强酸样品后，要立即喷约数分钟的蒸馏水，以防止雾化筒和燃烧头被沾污或锈蚀。点火后，燃烧器的整个缝隙上方应是一片燃烧均匀呈带状的蓝色火焰。若带状火焰中间出现缺口，呈锯齿状，说明燃烧头缝隙上方有污物或滴液，这时需要清洗。清洗的方法是接通空气，关闭乙炔的条件下，用滤纸插入燃烧缝隙中仔细擦拭；如效果不佳可取下燃烧头用软毛刷刷洗；如已形成熔珠，可用细的金相砂纸或刀片轻轻磨刮以去除沉积物，应注意不能将缝隙刮毛。雾化器应经常清洗，以避免雾化器的毛细管发生局部堵塞。若堵塞一旦发生，会造成溶液提升量下降，吸光度值减小。若仪器暂时不用，应用硬纸片遮盖住燃烧器缝口，以免积灰。对原子化系统的相关运动部件要进行经常润滑，以保证升降灵活。空气压缩机一定要经常放水、放油，分水器要经常清洗。

### 7. 原子吸收分光光谱仪光学系统如何保养?

外光路的光学元件应经常保持干净，一般每年至少清洗一次。如果光学元件上有灰尘沉积，可用擦镜纸擦净；如果光学元件上沾有油污或在测定样品溶液时溅上污物，可用75%乙醇溶液的纱布擦拭，然后用蒸馏水擦拭，再用洗耳球吹干。清洁过程中，禁用手去擦及金属硬物或触及镜面。

### 8. 原子吸收分光光谱仪气路系统如何保养?

由于气体通路采用聚乙烯塑料管，时间长了容易老化，所以要经常对气体进行检漏，特别是乙炔气渗漏可能造成事故。当仪器测定完毕后，应先关乙炔钢瓶输出阀门，等燃烧器上火焰熄灭后再关仪器上的燃气阀，最后再关空气压缩机，以确保安全。检查钢瓶和仪器之间的连接器以防泄漏，特别是更换钢瓶之后需要使用肥皂水或专用的泄漏检测器进行检测。检查橡胶软管和仪器之间的连接，以防磨损和开裂。

### 9. 火焰系统如何维护?

仪器的火焰系统可以分成三个部分：雾化器、雾化室和燃烧器。每个部分都要进行日常维护确保仪器性能最佳。雾化器：火焰系统的雾化器包括毛细管和雾化器盒。必须经常检查吸喷溶液的塑料毛细管准确地连接到雾化毛细管上。任何空气的泄漏、过紧弯曲或是管路弯曲将会造成读数不稳定，重复性变差。随着使用次数的增加，塑料毛细管将会慢慢地被堵塞，此时需要将堵塞段剪去或者换上新的毛细管。在任何情况下请确保塑料毛细管牢固地连接到雾化毛细管上。雾化毛细管也容易堵塞。如果发生堵塞，请按下面的步骤进行操作。

（1）熄灭火焰。

（2）从雾化器上拆下塑料毛细管。

（3）拆下雾化器。

（4）根据仪器使用手册或仪器说明中有关雾化器的章节拆开雾化器。

（5）将雾化器置于超声波清洗 5 ~ 10min。如果超声波无法清除堵塞，用一根光滑的金属丝小心地疏通一下雾化器，然后再用超声波进行清洗。

（6）按照结构重新组装雾化器。

（7）将雾化器装回到仪器上，更换塑料毛细管。

燃烧头的清洗：先将燃烧头拆下，用 1%稀硝酸溶液超声清洗，再用蒸馏水超声清洗，将燃烧头充分擦干后安装到原子吸收仪器上。

### 10. 石墨平台系统如何维护?

石墨平台系统可以分成三部分：气体和冷却水传输、石墨炉以及自动进样器。气体和冷却水传输：石墨炉原子化器所使用的载气一般为氮气和氩气。水源主要用来冷却石墨炉，可以使用实验室的一级水或是循环冷却水泵，水温必须低于 30℃。石墨平台是一个两端为石英窗完全密闭的装置。每次分析之前，请检查两侧的石英窗上有无灰尘或指纹。如果有污染，可以使用柔软的纱布或擦镜纸蘸取乙醇水溶液擦拭。定期地拆下石墨管检查石墨管保护器的情况，确保其内腔和进样孔区域没有疏松的碳粒子和残留的样品，检查石墨管保护器两端电极的顶锥情况。如果积碳用蘸有乙醇的棉签清理即可。

### 11. 自动进样器如何维护?

自动进样器中的洗瓶、注射器和毛细管组件都需要进行日常维护，细心的维护能够最大限度地减少污染，提高分析结果的重复性。洗瓶一般是拆下清洗即可。注射器拆下超声清洗即可。毛细管一般都是更换新的，也可根据自身实验室的条件超声清洗。如果毛细管尖断损坏，可以使用刀片将损坏处以 90°方向切除。自动进样器需要维护的最后一部分是注射器。每天都需要检查毛细管和注射器中是否有气泡。系统中存在的气泡会引起定量不准，导致分析结果错误。用户可以按照仪器的使用手册来排出气泡。如果气泡仍然吸附于注射器中，就需要进行清洗了。

## （七）原子荧光光谱仪

### 1. 什么是原子荧光光谱仪?

原子荧光光谱仪是利用硼氢化钾或硼氢化钠作为还原剂，将样品溶液中的待分析元素还原为挥发性共价气态氢化物（或原子蒸汽），然后借助载气将其导入原子化器，在氩-氢火焰中原子化而形成基态原子。使处于激发态原子向基态跃迁，并以光辐射形式回到基态而失去能量。简单地说，原子荧光光谱仪测的是激发态原子失去的能量。

### 2. 原子荧光光谱仪的原理是什么?

是利用硼氢化钾或硼氢化钠作为还原剂，将样品溶液中的待分析元素还原为挥发性共价气态氢化物（或原子蒸汽），然后借助载气将其导入原子化器，在氩-氢火焰中原子化而形成基态原子。基态原子吸收光源的能量而变成激发态，激发态原子在去活化过程中将吸收的能量以荧光的形式释放出来，此荧光信号的强弱与样品中待测元素的含量呈线性关系，因此通过测量荧光强度就可以确定样品中被测元素的含量。

### 3. 目前为止原子荧光光谱仪在生乳中可检测哪些元素?

原子荧光光谱仪随着技术的发展已经拓宽了检测元素范围，至少可检测 18 个金属元素。目前为止应用于生乳领域可进行 As（砷）、Pb（铅）、Sn（锡）、Se（硒）、Cd（镉）、Hg（汞）、Cr（铬）等元素的痕量分析检测。

### 4. 使用原子荧光光谱仪检测时的优点有哪些?

原子荧光光谱仪的价格比较便宜，并且多为国产仪器。对微量进样（微升量级）有一定优势，比如大倍数自动稀释。在很多大型仪器中都采用蠕动泵技术，耗材少而且可以自行更换，而蠕动泵只需要泵管，更换极其简单。灵敏度较高，大多数金属元素都可以检测到 ng/mL（μg/kg）的量级。配有自动进样系统，检测时间短（平均每上机测定一个样品 2~3min）。

## 5. 原子荧光光谱仪如何使用？

（1）首先开启电脑。

（2）开启氩气、泵电源、主机电源，然后打开电脑桌面上的原子荧光光谱仪的应用程序，选择所要做的元素，并点亮元素灯。

（3）检测样品之前要先进行“气路自检”“断续流动和自动进样器自检”“空心阴极灯和电路自检”，自检完成后要将仪器先预热至少半小时后再开始检测样品。

（4）设置“测量条件”时均为默认值，只有空白判别值可根据自身条件设置，一般也是采用默认值为好；“仪器条件”中负高压设成300~400，道灯电流设成10~20，其余均为默认值；“自动进样参数”和“断续流动程序”均为默认值，无须重新设置。

（5）当上面的步骤完成后就开始测样品，此时要先进行样品标准空白的测量再进行标准曲线的测量，先进行样品空白的测量再进行样品的测量。

## 6. 使用原子荧光光谱仪须注意什么？

（1）在开启仪器前，一定要注意开启载气。

（2）检查原子化器下部去水装置中水封是否合适。

（3）试验时注意在气液分离器中不要有积液，以防溶液进入原子化器。

（4）在测试结束后，一定要对原子荧光光谱仪管路的部分进行充分的清洗，关闭载气，并打开压块，放松泵管。

（5）更换元素灯，一定要在主机电源关闭的情况下，不能带电插拔。

（6）元素灯得预热必须是在进行测量时点灯的情况下才能达到预热稳定的作用，只打开主机，元素灯虽然也亮，但起不到预热稳定的作用。原子荧光光谱仪可测定砷、汞、硒、锑、铋、锡、碲、铅、锗、镉、锌等十一种元素含量的痕量分析。固体样品需要0.5~2g，处理成澄清的酸性溶液状态，样品处理建议使用微波消解。须有良好排风设备；须有稳定电力供应；室内工作温度为15~30℃；湿度小于75%，检查水封里是否封好；打开氩气瓶，调节分压表压力0.2~0.3MPa。

### 7. 原子荧光光谱仪如何维护？

实验仪器设备是实验员的得力助手，它可以将繁重的检测工作变得简单，同时它也需要实验员的照顾。对于像原子荧光光谱仪这类精密的检测仪器也需要实验员用心照顾。只有用心的进行检测仪器日常维护才可以使我们的检测工作达到事半功倍的效果。

（1）为保持仪器表面清洁，可用洗涤剂稀释后用干净的纱布浸湿后擦拭，再用干净湿纱布擦干。

（2）仪器中的透镜应保持清洁，如发现不洁现象，可用脱脂棉蘸75%乙醇后擦拭。

（3）原子化室内容易受酸气和盐类的侵蚀，因此透镜前帽盖和原子化器上会有白色沉淀物形成的斑点，可用干净的纱布擦拭，以保持清洁。

（4）原子荧光光谱法是一种痕量和超痕量分析方法。因此，在测定较高含量样品时，应预先稀释后进行测定，如不慎遇到极高含量时（特别是Hg）则管路系统将受到严重污染。处理方法可将载流/样品进样管放入10%盐酸溶液中，启动蠕动泵不断进行清洗。如仍然难以清洗干净时，则需更换聚四氟乙烯管路，一般情况下，均可得到明显改善；如仍有残余难以清除情况下，则需对石英炉管清洗。按照说明书将石英炉管拆下，用20%硝酸溶液超声清洗。然后再用去离子水清洗干净，晾干或置于烘箱内烘干后使用。

（5）更换点火的电炉丝要按照说明书要求，将备有专用的炉丝换上即可。不可将炉丝剪短，否则电阻值发生变化，与输入电压不能匹配。

（6）应注意空心阴极灯前端石英玻璃窗清洁，不能用手触摸。如发现不洁现象应采用75%乙醇溶液进行擦拭干净。

### 8. 使用原子荧光光谱仪之前需要做的工作有哪些？

检查水封里是否封好；泵管夹上滴上一滴甲基硅油；装上检测要用的元素灯；仪器开机预热一小时；打开氩气瓶，调节分压表压力 0.2~0.3MPa；配制好还原剂、载流液、标准溶液，现配先用；处理好待测样品。

## （八）液质联用仪

### 1. 什么是液质联用仪？

液质联用（HPLC-MS）又叫液相色谱-质谱联用技术，它以液相色谱作为分离系统，质谱为检测系统。样品在质谱部分和流动相分离，被离子化后，经质谱的质量分析器将离子碎片按质量数分开，经检测器得到质谱图。液质联用体现了色谱和质谱优势的互补，将色谱对复杂样品的高分离能力，与 MS 具有高选择性、高灵敏度及能够提供相对分子质量与结构信息的优点结合起来，在药物分析、食品分析和环境分析等许多领域得到了广泛的应用。

### 2. 液质联用仪有哪些优点？

（1）分析范围广，MS 几乎可以检测所有的化合物，比较容易地解决了分析热不稳定化合物的难题。

（2）分离能力强，即使被分析混合物在色谱上没有完全分离开，但通过MS的特征离子质量色谱图也能分别给出它们各自的色谱图来进行定性定量。

（3）定性分析结果可靠，可以同时给出每一个组分的分子量和丰富的结构信息。

（4）检测限低，MS具备高灵敏度，通过选择离子检测（SIM）方式，其检测能力还可以提高一个数量级以上。

（5）分析时间快，HPLC-MS使用的液相色谱柱为窄径柱，缩短了分析时间，提高了分离效果。

（6）自动化程度高，HPLC-MS具有高度的自动化。

### 3. 质谱联用仪有何分类？

目前常用的HPLC MS联用仪具有两大分类系统，一种是从MS的离子源角度来划分，包括电喷雾离子（ESI）、大气压化学电离（APCI）和基质辅助激光解吸离子化（MALDI）等；另一种是从MS的质量分析器角度来划分，包括四级杆质谱仪（Q-MS）、离子阱质谱仪（IT-MS）、飞行时间质谱仪（TOF-MS）、傅立叶变换质谱仪（FT-MS）。

### 4. 电喷雾离子（ESI）原理是什么？

其工作原理是将液滴变成蒸汽，产生离子发射的过程中形成的溶剂由液相泵输送到ESI Probe，经其内的不锈钢毛细管流出。这时给毛细管加2~4kV的高压，由于高压和雾化气的作用，流动相从毛细管顶端流出时，会形成扇状喷雾，使液滴生成含样品和溶剂离子的气溶胶。电喷雾离子化可分为三个过程。

（1）形成带电小液滴。由于毛细管被加高压，造成氧化还原反应，形成带电液滴。

（2）溶剂蒸发和小液滴碎裂。溶剂蒸发，离子向液滴表面移动，液滴表面的离子密度越来越大，当达到Rayleigh（瑞利）

极限时，即液滴表面电荷产生的库仑排斥力与液滴表面的张力大致相等时，液滴会非均匀破裂，分裂成更小的液滴，在质量和电荷重新分配后，更小的液滴进入稳定态，然后再重复蒸发、电荷过剩和液滴分裂这一系列过程。

（3）形成气相离子。对于半径<10nm 的液滴，液滴表面形成的电场足够强，电荷的排斥作用最终导致部分离子从液滴表面蒸发出来，而不是液滴的分裂。最终样品以单电荷或多电荷离子的形式从溶液中转移至气相，形成了气相离子。ESI 属于最软的电离方式，通常只产生分子离子峰，适合热不稳定的极性分子，能分析小分子及大分子。

### 5. 大气压化学电离（APCI）的原理是什么？

APCI 的离子化作用可以有三种理论阐述。

① 经典 APCI：由电晕放电针产生的电子轰击空气中的主要成分 $N_2$、$O_2$、$H_2O$ 以及溶剂分子得到初级离子 $N_2^+$、$O_2^-$、$H_2^+O$ 和 $CH_3OH_2^+$等。再由这些初级离子与被分析物分子进行电子或质子交换产生出被分析物的分子离子。

② 离子蒸发：此机制与 ESI 过程相似，存在于 APCI 分析中的强极性分子和可在溶液中预先形成的离子及离子化合物。

③ 摩擦电 APCI：当流动相和分析物进入喷口时会被喷雾气体“撕裂”成为液滴。“撕裂”过程中气体和液体界面上的“摩擦”作用产生电荷并使得分析物分子离子化。相对于 ESI 而言，APCI 的离子化方式使某些化合物碎片显著增加，其中最明显的就是脱水碎片的增加。

### 6. 质谱分析有哪些常用术语？

质荷比（mass charge ratio）：离子的质量（以相对原子量单位计）与它所带电荷（以电子电量为单位计）的比值，叫作质荷比，简写为 m/z。质荷比是质谱图的横坐标，是质谱定性分析的基础。

离子丰度（Abundance of ions）：检测器检测到的离子信号强度。

离子相对丰度（Relative abundance of ions）：以质谱图中指定质荷比范围内最强峰为100%，其他离子峰对其归一化所得的强度。标准质谱图均以离子相对丰度值为纵坐标，谱峰的离子丰度与物质的含量相关，因此是质谱定量的基础。

基峰（Base peak）：在质谱图中，指定质荷比范围内强度最大的离子峰叫作基峰，基峰的相对丰度为100%。

本底（Back ground）：在与分析样品的相同条件下，不送入样品时所检测到的质谱信号，包括化学噪声和电噪声。

总离子流图（Total ions current，TIC）：在选定的质量范围内，所有离子强度的总和对时间或扫描次数所作的图。色质联用时，TIC 即色谱图。

质量色谱图（Mass chromatograph）：指定某一质荷比的离子强度对时间或扫描号所作的图。

二维数据（2D Data）：液质联用中，只包含色谱图的数据，例如用 SIR，MRM 方式采集的数据（没有质谱信息）。

三维数据（3D Data）：液质联用中，同时包含色谱图和质谱图的数据，例如用 Full Scan 方式采集的信息（有质谱信息）。

分子离子：分子失去一个电子生成的离子，其质荷比等于分子。

准分子离子：指与分子存在简单关系的离子，通过它可以确定分子量。例如，分子得到或失去一个氢生成的离子：$(M+H)^+$，$(M-H)^-$就是最常见的准分子离子。

碎片离子：分子离子裂解所生成的产物离子。

母离子与子离子：任何离子进一步裂解产生了某离子，则前者称为母离子，后者称为子离子。

单电荷离子与多电荷离子：只带一个电荷的离子叫单电荷离子，带两个或两个以上电荷的离子叫多电荷离子，它们时常具有非整数质荷比。

同位素离子：由元素的重同位素构成的离子叫作同位素离子，它们在质谱图中总是出现在相应的分子离子或碎片离子的右侧。

氮规则：当化合物不含氮或含偶数个氮原子时，该化合物的分子量为偶数，当化合物含奇数个氮原子时，该化合物的分子量为奇数。API 电离方式使用氮规则时要将准分子离子还原成分子量后再使用。

全扫描（Full Scan）：检测一段质荷比范围离子的采集方式，由每个采样点提取一张质谱图。

扫描时间（Scan Time）：Full Scan 方式采集数据的参数，单位为秒，表示四极杆扫描某一范围质荷比离子的时间。

扫描延迟时间（Inter Scan Delay）：Full Scan 方式采集数据的参数，单位为秒，表示两次扫描之间的间隔。

选择离子监测（Selected Ion Record，SIR）：选择能够表征某物质的一个质谱峰进行检测。

驻留时间（Dwell Time）：SIR 方式采集数据时的一个参数，单位为秒，表示四极杆放行该离子的时间。

多反应检测（Multiple Reaction Monitoring，MRM）：串联质谱的一种采集方式，同时以 SIR 方式检测母离子与子离子，特点是高选择性和高灵敏度相结合，适用于痕量目标监测物的定量分析。

### 7. 如何根据样品选择离子源?

可根据分子量的大小极性。APCI 适合小分子、极性小的化合物；ESI 适合分析的分子量范围较大、分子要求带有一定极性。一般先考虑用 ESI 分析，如果极性实在太小，才想到用 APCI。

### 8. 等度还是梯度洗脱如何选择?

其实只做一两个化合物，是等度洗脱好，速度快，但也并非越快越好，特别在分析生物样品时，考虑到基质效应，保留因子控制在 2~3 左右较好。梯度洗脱适合分析多个结构不同的物质，如化合物与代谢产物一同鉴定的时候，比如苷和苷元的一同测定。另外很多做合成化学的分析实验室用的也是一通用的梯度洗脱方法，一个方法搞定大部分样品。一般来说对于组成简单的样品可以采用等度洗脱，而对于那些复杂的样品分离通常需要进行梯度洗脱。

### 9. 大气压化学电离（APCI）和电喷雾离子（ESI）的不同点有哪些?

（1）离子产生的方式不同。APCI 利用电晕放电离子化，气相离子化。ESI 利用离子蒸发，液相离子化。

（2）能被分析的化合物类型不同。APCI 适合弱极性、小分子化合物，且具有一定的挥发性；ESI 适合极性化合物和生物大分子。

（3）流速不同。ESI 一般流速较小，为 0.001~0.25mL/min；APCI 相对较大，为 0.2~2mL/min。

（4）多电荷。APCI 不能生成一系列多电荷离子，所以不适合分析大分子；ESI 能生成一系列多电荷离子，特别适用于蛋白质、多肽类等生物分子。

## 维护保养部分

### 10. 进样系统如何维护保养?

对于液相色谱来说，无论是手动进样还是自动进样，都是使用六通阀进样的。进样装置要求：密封性好，死体积小，重复性好，保证中心进样，进样时对色谱系统的压力、流量影响小样。六通阀使用和维护注意事项。

① 样品溶液进样前必须用 0.45μm 滤膜过滤，以减少微粒对进样阀的磨损。

② 转动阀芯时不能太慢，更不能停留在中间位置，否则流动相受阻，使泵内压力剧增，甚至超过泵的最大压力；再转到进样位时，过高的压力将使柱头损坏。

③ 为防止缓冲盐和样品残留在进样阀中，每次分析结束后应冲洗进样阀。通常可用水冲洗，或先用能溶解样品的溶剂冲洗，再用水冲洗。

### 11. 色谱柱系统如何维护保养?

色谱柱系统的正确使用和维护十分重要，稍有不慎就会降低柱效，缩短使用寿命甚至损坏。在色谱操作过程中，需要注意下列问题。

① 色谱柱的选择会直接影响混合物中组分的分离，所以一定要选用合适的色谱柱，在使用新柱前要在自己的液相色谱仪上进行性能测试，即使用色谱柱附带的检验报告上测试条件和样品来测定该色谱柱的柱效，并且在以后的使用中，应时常对色谱柱进行测试。

② 柱子在使用过程中，不能碰撞、弯曲或强烈震动；避免压力和温度的急剧变化，机械震动和温度的突然变化都会影响柱内的填充状况；柱压的突然升高或降低也会冲动柱内填料，因此在调节流速时应该缓慢进行。

③ 当柱子和色谱仪联结时，阀件或管路一定要清洗干净，样品前处理对于柱子使用寿命影响甚大，进样样品要提纯过滤并且严格控制进样量，可以使用保护柱。

④ 注意色谱柱的 pH 值使用范围，不能高温下过长时间使用

硅胶键合相；每天分析工作结束后，都要用适当的溶剂来清洗柱子。若分析柱长期不使用，应用适当有机溶剂保存并封闭。

### 12. 质谱部分如何维护保养?

质谱部分的维护一般可以按照以下日程进行：每天冲洗样品通路、清洁喷雾室；定期检查机械真空泵油的液面；更换机械真空泵油，检查软管、软线和电缆，清空排污瓶，可以每半年进行一次；另外在日常的试验中，根据试验需要清洁机壳，更换喷雾针，清洁或更换整个毛细管、分离器及透镜。重要的是每天冲洗系统和清洁喷雾室。毛细管和第一级锥孔要尽可能洁净。6 个月更换机械泵油，需要时更换电子倍增器。

定期清洗一级锥孔，一般两周清洗一次，若进样数量较大，则尽量一周清洗一次，根据样品数量多少及时清洗。清洗时将离子源温度降到室温，注意关闭阻断阀，旋开固定锥孔的两个螺丝，取下锥孔滴甲酸数滴，浸润几分钟，在甲醇：水为 50 : 50 溶剂中超声清洗 15min。切记：避免手触碰到锥孔尖以免影响灵敏度。长期进行一级锥孔的清洗，可相应减少较为复杂的二级锥孔、六级杆等的清洗，这些清洗相对复杂，在进行相关部件清洗时避免用棉花等擦拭关键部位，避免残留的毛绒纤维干扰仪器的灵敏度。

## （九）电感耦合等离子体质谱仪（ICP-MS）

### 1. 什么是 ICP-MS?

电感耦合等离子体质谱仪，即 ICP-MS（ Inductively Coupled Plasma MassSpectrometry），它以独特的接口技术将 ICP 的高温（8000K）电离特性与四极杆质谱仪灵敏快速扫描的优点相结合，形成了一种新型的元素和同位素分析技术。在分析能力上，ICP-MS 可取代传统的电感耦合等离子体光谱（ICP-AES）、石墨炉原子吸收光谱（GF-AAS）、火焰原子吸收光谱（F-AAS）等分析技术。

### 2. ICP-MS 有哪些特点?

ICP-MS 的谱线简单，检测模式灵活多样：可通过谱线的质荷之比进行定性分析；通过谱线全扫描测定所有元素的大致浓度范围，即半定量分析，不需要标准溶液，多数元素测定误差小于20%；用标准溶液校正而进行定量分析，这是在日常分析工作中应用最为广泛的功能；同位素比测定是 ICP-MS 的一个重要功能，可用于地质学、生物学及中医药学研究上的追踪来源的研究及同位素示踪。

### 3. ICP-MS 的工作原理是什么?

ICP-MS 分析过程中，被分析样品以水溶液的气溶胶形式被引入氩气流中，然后进入由射频能量激发的处于大气压下的氩等离子体中心区，等离子体的高温使得样品去溶剂化、汽化、解离和电离。部分等离子体经过不同的压力区进入真空系统。真空系统内，MS 部分（四极快速扫描质谱仪）通过高速顺序扫描分离测定所有离子，扫描元素质量数范围从 6 到 260，并通过高速双通道分离后的离子进行检测，浓度线性动态范围达 9 个数量级（从 ppt 到 1 000ppm）。

### 4. ICP-MS 日常使用有哪些注意事项?

（1）保持仪器室内温度 22~25℃，湿度小于 40%~65%，干净无尘。

（2）建议用户每天分析结束后只关冷却循环水和供气而不关仪器主机，保证仪器稳定性，同时缩短测定稳定时间。

（3）注意样品的前处理：样品的前处理是测定准确与否的第一要素，样品处理保证三方面：待测成分全部溶解到溶液中；样品溶液稳定；样品无溶胶和沉淀；否则容易堵塞雾化器。

（4）分析海水等等高盐样品时，采样锥和截取锥需要一个短时间的平衡。即样品在接口处沉积，如 5 次测定或 15min 左右，且采样深度是一个需严格控制的条件。

（5）对于 ICP-MS 分析，溶解的固体含量必须小心控制，一般不能高于 0.2%。

（6）ICP-MS 分析用的试液通常用 $HNO_3$来配制，因为 $Cl^-$、$PO_4^-$、$S_2^-$离子将与其他基体元素 $Ar^+$、$O_2^-$、$H^+$结合生成多原子，对 51V 的叠加干扰，若不可避免。克服这个问题的方法有“碰撞池技术（KED）”。

（7）不能使易使用含有 HF 酸的液体进样，需备专用的耐 HF 酸进样系统。

（8）进有机样时，控制有机相的比例<10%，雾室降温到-5℃以下，若有机相比例超过 10%，为防止炬管和锥上积碳，需考虑使用加氧系统。

（9）遇停电应立即关闭仪器主机电源，本单位发电不能用于点火操作。

（10）定期检测零线与地线之间的电压，确保在点火状态下小于交流 5V。

（11）夏天遇雷雨天气提前关掉仪器，防止雷击。

**维护保养部分**

**5. 机械泵需要哪些维护？**

（1）机械泵油更换：每半年检查一下机械泵油的颜色，当颜色明显变深时，需进行更换。

（2）机械泵振气打开机械泵的震气阀，在此位置保持

30min，目的如下。

① 将捕集在回油装置面的油新抽回机械泵内，确保机械泵有足够的油。

② 将溶解在机械泵油里的气体和溶剂尽量排尽。

③ 若气温过低，泵油黏性变大，影响机械泵抽真空效率，打开振气阀可加速泵油低黏化。

### 6. 冷却循环水如何维护？

建议每 3 个月更换一次冷却循环水，同时清洁循环水的散热网，才能保证循环水的制冷能力。

### 7. 雾化器维护如何维护？

一般情况，雾化器不用特意取下清洁，只需在做完所有样品后，再吸喷 10min 5%稀硝酸和 10min 纯水，最后，空转排空管路里残余纯水即可。如果雾化器喷嘴处有盐分沉积，可将其取下浸在稀硝酸中去除。

### 8. 什么时候需要清洗锥？

（1）当锥口口径明显变小时。

（2）灵敏度和稳定性指标达不到工厂或客户要求时。

（3）某一元素的背景偏高且排除污染来源于进样系统和溶液。

## （十）气相色谱仪

### 1. 什么是气相色谱仪？

气相色谱仪，将分析样品在进样口中气化后，由载气带入色谱柱，通过对预检测混合物中组分有不同保留性能的色谱柱，使各组分分离，依次导入检测器，以得到各组分的检测信号。按照导入检测器的先后次序，经过对比，可以区别出是什么组分，根据峰高度或峰面积可以计算出各组分含量。通常采用的检测器有：热导检测器、火焰离子化检测器、氦离子化检测器、超声波检测器、光离子化检测器、电子捕获检测器、火焰光度检测器、电化学检测器、质谱检测器等。

### 2. 气相色谱仪的检测原理是什么?

气相色谱仪是一种多组分混合物的分离、分析工具，它是以气体为流动相（通常为氮气），采用冲洗法的柱色谱技术。当多组分的分析物质进入到色谱柱时，由于各组分在色谱柱中的气相和固定相间的分配系数不同，因此各组分在色谱柱的运行速度也就不同。经过一定的柱长后，顺序离开色谱柱进入检测器，经检测后转换为电信号送至数据处理工作站，从而完成了对被测物质的定性定量分析。

### 3. 气相色谱仪的基本构造是怎样的?

气相色谱仪的基本构造有两部分，即分析单元和显示单元。前者主要包括气源及控制计量装置、进样装置、恒温器和色谱柱。后者主要包括检定器和自动记录仪，色谱柱和检定器是气相色谱仪的核心部件。

（1）气路系统，气相色谱仪中的气路是一个载气连续运行的密闭管路系统。整个气路系统要求载气纯净、密闭性好、流速稳定及流速测量准确。

（2）进样系统，进样就是把气体或液体样品匀速而定量地加到色谱柱上端。

（3）分离系统，分离系统的核心是色谱柱，它的作用是将多组分样品分离为单个组分，色谱柱分为填充柱和毛细管柱两类。

（4）检测系统，检测器的作用是把被色谱柱分离的样品组分根据其特性和含量转化成电信号，经放大后，由记录仪记录成色谱图。

（5）信号记录或微机数据处理系统，近年来气相色谱仪主要采用色谱数据处理机，色谱数据处理机可打印记录色谱图，并能在同一张记录纸上打印出处理后的结果，如保留时间、被测组分质量分数等。

（6）温度控制系统，用于控制和测量色谱柱、检测器、气化室温度，是气相色谱仪的重要组成部分。气相色谱仪分为两类：一类是气固色谱仪，另一类是气液分配色谱仪。这两类色谱仪所分离的固定相不同，但仪器的结构是通用的。

### 4. 气相色谱仪的使用方法是怎样的?

（1）开机检测样品之前要根据试验要求，选择合适的色谱柱；检查气路连接应正确无误，并打开载气钢瓶（通常为氮气钢瓶），调节主压力表 0.8~1.0MPa，调节分压力表 0.4~0.6MPa。

（2）打开主机电源，待仪器自检通过后打开计算机电源并开启控制软件联机气相色谱仪，在主机控制面板上（也可以在控制软件上）设定检测器温度、气化室温度、柱箱温度，被测物各组分沸点范围较宽时，还需设定程序升温速率，确认无误后保存参数，开始升温。配有氢气发生器的气相色谱仪，还要打开氢气发生器和纯净空气泵的阀门，氢气压力调至 0.3~0.4MPa，空气压力调至 0.3~0.5MPa。

（3）开始检测样品之前，要先预热仪器至少半小时以稳定基线。

（4）样品检测完毕后要先将柱温降至 50℃以下再关闭主机电源，关闭载气气源。关闭气源时应先关闭钢瓶总压力表，待压力指针回零后，关闭分压表，方可离开。使用前气源、钢瓶、减压阀、限流器、净化器、载气管路等载气系统各部分，最主要的维护工作就是检漏，使用检漏液进行，每次更换钢瓶、减压阀后都要进行检漏。

**5. 进样系统如何维护?**

隔垫：主要起到密封和清洗进样针的作用。检查隔垫是否磨损严重、密封性变差，必要时更换。衬管：起到气化室的作用，主要是清洗硅烷化和合理使用玻璃棉。清洗主要是用纯水、甲醇或无水乙醇清洗，严重时可用棉签轻轻擦拭，不可用力过度。清洗后置于70℃烘箱中烘干，冷却密封存放。

**6. 分离系统色谱柱如何维护?**

新的色谱柱必须进行老化后才能使用，第一次老化需断开与检测器的连接。毛细管柱可采取慢升温快降温方法，50℃以下以5℃/min 升高到 200℃，恒温 30min，以 20℃/min 速度降至50℃，如此循环三个来回。

**7. 检测系统如何维护?**

ECD 检测器：如果基线噪声增大或输出值异常高，就应进行热清洗（烘炉），但不要进行拆卸，除非是经过训练的专业人员。可采取加大载气流量（载气纯度要在 99.99%以上，而且干燥），升高检测器温度（最高使用温度），连续冲洗。废气一定要排出室外。

FID 检测器：主要是清洗喷嘴。柱流失物在检测器上的沉积（白色二氧化硅或黑色碳灰）会使其灵敏度降低，并产生色谱噪声和毛刺。具体清洗步骤是：卸下喷嘴用金属丝穿入喷嘴，来回抽拉数次，直至金属丝能光滑移动，但需注意不要损坏喷嘴内沿。再用热纯水和色谱纯甲醇彻底淋洗，最后用氮气吹干，置于洁净表面上，让其风干。

FPD 检测器：喷嘴的清洗类似于 FID 检测器，此外，清洁滤光片时要使用专用清洗毛刷，不能使其表面造成划痕。

## 8. 常见问题的解决方法有哪些?

氢火焰离子化检测器（FID）利用有机物在氢火焰的作用下化学电离而形成离子流，借测定离子流强度进行检测。该检测器灵敏度高、线性范围宽、操作条件不苛刻、噪声小、死体积小，是有机化合物检测常用的检测器。但是检测时样品被破坏，一般只能检测那些在氢火焰中燃烧产生大量碳正离子的有机化合物。

电子捕获检测器（ECD）是利用电负性物质捕获电子的能力，通过测定电子流进行检测的。ECD 具有灵敏度高、选择性好的特点。它是一种专属型检测器，是目前分析痕量电负性有机化合物最有效的检测器，元素的电负性越强，检测器灵敏度越高，对含卤素、硫、氧、羰基、氨基等的化合物有很高的响应。电子捕获检测器已广泛应用于有机氯和有机磷农药残留量、金属配合物、金属有机多卤或多硫化合物等的分析测定。它可用氮气或氩气作载气，最常用的是高纯氮。

火焰光度检测器（FPD）对含硫和含磷的化合物有比较高的灵敏度和选择性。其检测原理是，当含磷和含硫物质在富氢火焰中燃烧时，分别发射具有特征的光谱，透过干涉滤光片，用光电倍增管测量特征光的强度。

一个气相色谱具有较好的重复性应该从以下三点来说。

第一点就是仪器方面。一个设计良好、做工完善的设备出厂后就应该已经具备了良好的重复性。但作为用户，我们也应该知道如何调整仪器达到最佳状态。最基本的就是一个好的进样系统，直接进样应该有准确的进样针，惰性较好的进样瓶和瓶隔垫，设计良好的洗针方式和吸样方式，快速的进针等。其次就是进样口的气化效果、吹扫效果和分流效果，这些应该从衬管型号、隔垫吹扫流量、分流流量、柱头的准确安装等方面综合而定。另外，色谱柱的质量、检测器的尾吹、载气和其他气体的纯度等都会影响峰面积。

第二点就是方法确立上。一个设计再好的仪器，如果在使用时方法设立不当，也不会有良好的重复性。这个方法的设计，包含的思路和原则比较多，说起来比较复杂，简单来说应具备以下特点：合适的进样方式、正确的洗针溶剂、合适的分流比及隔垫吹扫、合适的色谱柱选用、合适的检测器、合适的尾吹流量。

第三点就是设备维护。保持设备的良好状态可以保证设备的性能。维护包括进样隔垫和衬管的定期更换，柱头石墨密封圈是否变形，衬管 O 型圈的状态，气路系统的泄漏检查，捕集肼和变色硅胶的更换，柱温箱温度的校验，色谱柱及色谱系统的定期老化和清洁等。

## （十一）乳品分析仪

### 1. 什么是乳品分析仪？

乳品分析仪是一种对牛奶成分分析的一种仪器，能够对乳制品的成分进行快速的检测，适用于基层监控和生产单位质控使用。检测指标包含：脂肪、非脂乳固体、密度、蛋白质、乳糖、含水量、样品温度、冰点、灰分、pH 值、电导率等。

### 2. 乳品分析仪的工作原理是什么？

（1）中红外光谱法

采用傅里叶全红外光谱扫描原理，他的核心技术部件是傅里叶红外干涉仪，就是红外光束通过分术器经过一系列的反射折射产生随时变化的红外信号，然后该信号再作用于样品室里需要检测的样品。红外光谱主要是由分子中的 O-H、N-H、C-H、S-H 的震动吸收引起的，乳品分析仪实际上检测的是乳品中的分子键，而非某种物质。近红外光谱分析技术的理论基础是朗伯-比尔定律。

（2）超声波法

超声波探测技术是利用高频波与物质之间的相互作用以获取被侧物质内的物理化学性质。在牛奶各成分中，脂肪等大分子物质对超声波的衰减影响比较大，而蛋白质、乳糖等对超声波速度影响比较大。牛奶成分可分为脂肪和非脂乳固体。按照两大成分对超声波衰减和速度的贡献，可以建立精确的模型来测得各成分的百分含量。依据统计关系，又可以计算得到其他的成分含量，这样就可以得出各种成分的百分含量。

### 3. 乳品分析仪有何分类？

按测定原理分类。

（1）中红外光谱法的乳品分析仪

中红外光谱分析法目前已经比较成熟，已有较为精密的分析仪器问世。如：FOSS 公司出产乳品成分快速分析仪等。

中红外光谱分析法采用牛奶中各成分对不同波段的吸收不同，通过测定吸收系数和散射系统来完成牛奶成分的测定。中红外光谱法的乳品分析仪分析精度高，但仪器的价格比较昂贵，仪器体积较大，不适宜现场操作和流动检测。

（2）超声波牛奶分析仪

超声波探测技术是利用高频波与物质之间的相互作用以获取被侧物质内的物理化学性质。超声波牛奶分析仪成本较低，适合小型用户使用；仪器体积较小，适合携带。

### 4. 乳品分析仪使用过程中如何保养维护？

（1）进行日清洗与周清洗以保证其管路的清洁，确保检验结果的准确性。

（2）乳品分析仪需按时进行维护，以保证其检测结果的准确性。

### 5. 乳品分析仪使用中的注意事项有哪些?

（1）乳品分析仪检测的样品需预热到 10～40℃，并充分摇匀且无气泡。

（2）乳品分析仪在检测样品前必须先进行标样的检测，在确保仪器稳定的前提下才可以测样。

（3）乳品分析仪定标结束投入使用后需定期进行手工与仪器的对比来监控仪器的稳定性。

## （十二）体细胞仪

### 1. 什么是体细胞仪?

应用于生乳检测领域的体细胞检测仪又称体细胞计数仪，主要是将生乳样品通过染色剂染色后再仪器检测并计算出每毫升生乳样品中含有体细胞的个数。

### 2. 体细胞仪的检测原理是什么?

目前市场上主要有两种类型的体细胞检测仪：一种是流动型的体细胞检测仪，利用特定的试剂和牛奶反应，体细胞越高，黏度越高，分析主要由控制单元和混合单元组成；控制单元由步进电机及驱动板、主控制板、显示器、计量电子元件和数字计数转换组成；混合装置由间歇转动轴、光学传感器、电磁阀和计时器组成。另一种是基于荧光显微技术进行体细胞计数，采用荧光染料先将生乳中的体细胞染色，再利用 LED 光学显示和 CCD 探测技术使细胞分析更准确、可靠；被染色的细胞即可被灵敏的 CCD 摄影机记录，系统获取并处理自动生成的图像结果，细胞计数结果会显示在仪器前部的显示屏上，并记录体细胞的个数。

### 3. 体细胞仪的使用条件是什么？

为确保正确的操作和较长时间内仪器稳定的性能，检测生鲜乳样品时须符合以下条件。

（1）室温控制在 20~35℃，开机后应预热半小时以稳定检测系统，并将生乳样品恢复室温后再开始检测。

（2）不要暴露在阳光直射下。

（3）勿使设备直接或连续摇摆震动。

（4）勿将仪器置于强磁场区域。

（5）相对湿度在 0~95%。

（6）放置区远离腐蚀性气体或者其他腐蚀性物质。

（7）放置区应当少有灰尘或少有空气中的尘埃。

（8）设备之间至少空留 10cm 空间便于空气流通。

（9）禁止在仪器顶部放置重物。

### 4. 使用体细胞仪有哪些注意事项？

（1）保证提供的电源输入电压与所在地的电压匹配（通常为 220V 电压）。

（2）不要在通风孔内插入金属物体，否则会导致电击、受伤和仪器损坏。

（3）连接电源前，请将电源按钮设置为“OFF（关）”。

（4）保证仪器接地线端和电源插座正确连接，电源线应为接地的三孔电源插座；为避免电击损伤，请确保电源线正确接地。

（5）不要将仪器放在较难进行切断电源操作的位置；移动设备前，确保仪器锁定，主电源置关闭，拔出电源线。

（6）如果仪器被摔落，断开电源线，联系专业服务人员，请勿自行拆卸仪器；仅能使用经授权的零配件，不能从非正规的渠道购买零配件更换到仪器上；按照使用手册说明使用仪器，其他配件也以其说明文件的规定进行操作。

**5. 体细胞仪的维护方法是什么?**

（1）仪器在不使用时，应注意切断电源，并注意防灰尘等。

（2）每次检测完样品后，要及时将仪器用干净的软布擦拭干净。

（3）尽量避免腐蚀性的溶剂接触到仪器。

# 六、相关法律法规

## （一）乳品质量安全监督管理条例

《乳品质量安全监督管理条例》已经2008年10月6日国务院第二十八次常务会议通过，现予公布，自公布之日起施行。

### 第一章　总则

**第一条**　为了加强乳品质量安全监督管理，保证乳品质量安全，保障公众身体健康和生命安全，促进奶业健康发展，制定本条例。

**第二条**　本条例所称乳品，是指生鲜乳和乳制品。

乳品质量安全监督管理适用本条例；法律对乳品质量安全监督管理另有规定的，从其规定。

**第三条**　奶畜养殖者、生鲜乳收购者、乳制品生产企业和销售者对其生产、收购、运输、销售的乳品质量安全负责，是乳品质量安全的第一责任者。

**第四条**　县级以上地方人民政府对本行政区域内的乳品质量安全监督管理负总责。

县级以上人民政府畜牧兽医主管部门负责奶畜饲养以及生鲜乳生产环节、收购环节的监督管理。县级以上质量监督检验检疫部门负责乳制品生产环节和乳品进出口环节的监督管理。县级以上工商行政管理部门负责乳制品销售环节的监督管理。县级以上食品药品监督部门负责乳制品餐饮服务环节的监督管理。县级以上人民政府卫生主管部门依照职权负责乳品质量安全监督管理的综合协调、组织查处食品安全重大事故。县级以上人民政府其他有关部门在各自职责范围内负责乳品质量安全监督管理的其他工作。

**第五条** 发生鲜乳品质量安全事故，应当依照有关法律、行政法规的规定及时报告、处理；造成严重后果或者恶劣影响的，对有关人民政府、有关部门负有领导责任的负责人依法追究责任。

**第六条** 生鲜乳和乳制品应当符合乳品质量安全国家标准。乳品质量安全国家标准由国务院卫生主管部门组织制定，并根据风险监测和风险评估的结果及时组织修订。

乳品质量安全国家标准应当包括乳品中的致病性微生物、农药残留、兽药残留、重金属以及其他危害人体健康物质的限量规定，乳品生产经营过程的卫生要求，通用的乳品检验方法与规程，与乳品安全有关的质量要求，以及其他需要制定为乳品质量安全国家标准的内容。

制定婴幼儿奶粉的质量安全国家标准应当充分考虑婴幼儿身体特点和生长发育需要，保证婴幼儿生长发育所需的营养成分。

国务院卫生主管部门应当根据疾病信息和监督管理部门的监督管理信息等，对发现添加或者可能添加到乳品中的非食品用化学物质和其他可能危害人体健康的物质，立即组织进行风险评估，采取相应的监测、检测和监督措施。

**第七条** 禁止在生鲜乳生产、收购、贮存、运输、销售过程中添加任何物质。

禁止在乳制品生产过程中添加非食品用化学物质或者其他可能危害人体健康的物质。

**第八条** 国务院畜牧兽医主管部门会同国务院发展改革部门、工业和信息化部门、商务部门，制定全国奶业发展规划，加强奶源基地建设，完善服务体系，促进奶业健康发展。

县级以上地方人民政府应当根据全国奶业发展规划，合理确定本行政区域内奶畜养殖规模，科学安排生鲜乳的生产、收购布局。

**第九条** 有关行业协会应当加强行业自律，推动行业诚信建设，引导、规范奶畜养殖者、生鲜乳收购者、乳制品生产企业和销售者依法生产经营。

## 第二章 奶畜养殖

**第十条** 国家采取有效措施，鼓励、引导、扶持奶畜养殖者提高生鲜乳质量安全水平。省级以上人民政府应当在本级财政预算内安排支持奶业发展资金，并鼓励对奶畜养殖者、奶农专业生产合作社等给予信贷支持。

国家建立奶畜政策性保险制度，对参保奶畜养殖者给予保费补助。

**第十一条** 畜牧兽医技术推广机构应当向奶畜养殖者提供养殖技术培训、良种推广、疫病防治等服务。

国家鼓励乳制品生产企业和其他相关生产经营者为奶畜养殖者提供所需的服务。

**第十二条** 设立奶畜养殖场、养殖小区应当具备下列条件：

（一）符合所在地人民政府确定的本行政区域奶畜养殖规模；

（二）有与其养殖规模相适应的场所和配套设施；

（三）有为其服务的畜牧兽医技术人员；

（四）具备法律、行政法规和国务院畜牧兽医主管部门规定的防疫条件；

（五）有对奶畜粪便、废水和其他固体废物进行综合利用的沼气池等设施或者其他无害化处理设施；

（六）有生鲜乳生产、销售、运输管理制度；

（七）法律、行政法规规定的其他条件。

奶畜养殖场、养殖小区开办者应当将养殖场、养殖小区的名称、养殖地址、奶畜品种和养殖规模向养殖场、养殖小区所在地县级人民政府畜牧兽医主管部门备案。

**第十三条** 奶畜养殖场应当建立养殖档案，载明以下内容：

（一）奶畜的品种、数量、繁殖记录、标识情况、来源和进出场日期；

（二）饲料、饲料添加剂、兽药等投入品的来源、名称、使用对象、时间和用量；

（三）检疫、免疫、消毒情况；

（四）奶畜发病、死亡和无害化处理情况；

（五）生鲜乳生产、检测、销售情况；

（六）国务院畜牧兽医主管部门规定的其他内容。

奶畜养殖小区开办者应当逐步建立养殖档案。

**第十四条** 从事奶畜养殖，不得使用国家禁用的饲料、饲料添加剂、兽药以及其他对动物和人体具有直接或者潜在危害的物质。

禁止销售在规定用药期和休药期内的奶畜产的生鲜乳。

**第十五条** 奶畜养殖者应当确保奶畜符合国务院畜牧兽医主管部门规定的健康标准，并确保奶畜接受强制免疫。

动物疫病预防控制机构应当对奶畜的健康情况进行定期检测；经检测不符合健康标准的，应当立即隔离、治疗或者做无害化处理。

**第十六条** 奶畜养殖者应当做好奶畜和养殖场所的动物防疫工作，发现奶畜染疫或者疑似染疫的，应当立即报告，停止生鲜乳生产，并采取隔离等控制措施，防止疫病扩散。

奶畜养殖者对奶畜养殖过程中的排泄物、废弃物应当及时清运、处理。

**第十七条** 奶畜养殖者应当遵守国务院畜牧兽医主管部门制定的生鲜乳生产技术规程。直接从事挤奶工作的人员应当持有有效的健康证明。

奶畜养殖者对挤奶设施、生鲜乳贮存设施等应当及时清洗、消毒，避免对生鲜乳造成污染。

**第十八条** 生鲜乳应当冷藏。超过 2h 未冷藏的生鲜乳，不得销售。

## 第三章 生鲜乳收购

**第十九条** 省、自治区、直辖市人民政府畜牧兽医主管部门应当根据当地奶源分布情况，按照方便奶畜养殖者、促进规模化养殖的原则，对生鲜乳收购站的建设进行科学规划和合理布局。必要时，可以实行生鲜乳集中定点收购。

国家鼓励乳制品生产企业按照规划布局，自行建设生鲜乳收购站或者收购原有生鲜乳收购站。

**第二十条** 生鲜乳收购站应当由取得工商登记的乳制品生产企业、奶畜养殖场、奶农专业生产合作社开办，并具备下列条件，取得所在地县级人民政府畜牧兽医主管部门颁发的生鲜乳收购许可证：

（一）符合生鲜乳收购站建设规划布局；

（二）有符合环保和卫生要求的收购场所；

（三）有与收奶量相适应的冷却、冷藏、保鲜设施和低温运输设备；

（四）有与检测项目相适应的化验、计量、检测仪器设备；

（五）有经培训合格并持有有效健康证明的从业人员；

（六）有卫生管理和质量安全保障制度。

生鲜乳收购许可证有效期2年；生鲜乳收购站不再办理工商登记。

禁止其他单位或者个人开办生鲜乳收购站。禁止其他单位或者个人收购生鲜乳。

国家对生鲜乳收购站给予扶持和补贴，提高其机械化挤奶和生鲜乳冷藏运输能力。

**第二十一条** 生鲜乳收购站应当及时对挤奶设施、生鲜乳贮存运输设施等进行清洗、消毒，避免对生鲜乳造成污染。

生鲜乳收购站应当按照乳品质量安全国家标准对收购的生鲜乳进行常规检测。检测费用不得向奶畜养殖者收取。

生鲜乳收购站应当保持生鲜乳的质量。

**第二十二条** 生鲜乳收购站应当建立生鲜乳收购、销售和检测记录。生鲜乳收购、销售和检测记录应当包括畜主姓名、单次收购量、生鲜乳检测结果、销售去向等内容，并保存2年。

**第二十三条** 县级以上地方人民政府价格主管部门应当加强对生鲜乳价格的监控和通报，及时发布市场供求信息和价格信息。必要时，县级以上地方人民政府建立由价格、畜牧兽医等部门以及行业协会、乳制品生产企业、生鲜乳收购者、奶畜养殖者代表组成的生鲜乳价格协调委员会，确定生鲜乳交易参考价格，供购销双方签订合同时参考。

生鲜乳购销双方应当签订书面合同。生鲜乳购销合同示范文本由国务院畜牧兽医主管部门会同国务院工商行政管理部门制定并公布。

**第二十四条** 禁止收购下列生鲜乳：

（一）经检测不符合健康标准或者未经检疫合格的奶畜产的；

（二）奶畜产犊7日内的初乳，但以初乳为原料从事乳制品生产的除外；

（三）在规定用药期和休药期内的奶畜产的；

（四）其他不符合乳品质量安全国家标准的。

对前款规定的生鲜乳，经检测无误后，应当予以销毁或者采取其他无害化处理措施。

**第二十五条** 贮存生鲜乳的容器，应当符合国家有关卫生标准，在挤奶后 2h 内应当降温至 0～4℃。

生鲜乳运输车辆应当取得所在地县级人民政府畜牧兽医主管部门核发的生鲜乳准运证明，并随车携带生鲜乳交接单。交接单应当载明生鲜乳收购站的名称、生鲜乳数量、交接时间，并由生鲜乳收购站经手人、押运员、司机、收奶员签字。

生鲜乳交接单一式两份，分别由生鲜乳收购站和乳品生产者保存，保存时间 2 年。准运证明和交接单式样由省、自治区、直辖市人民政府畜牧兽医主管部门制定。

**第二十六条** 县级以上人民政府应当加强生鲜乳质量安全监测体系建设，配备相应的人员和设备，确保监测能力与监测任务相适应。

**第二十七条** 县级以上人民政府畜牧兽医主管部门应当加强生鲜乳质量安全监测工作，制定并组织实施生鲜乳质量安全监测计划，对生鲜乳进行监督抽查，并按照法定权限及时公布监督抽查结果。

监测抽查不得向被抽查人收取任何费用，所需费用由同级财政列支。

## 第四章 乳制品生产

**第二十八条** 从事乳制品生产活动，应当具备下列条件，取得所在地质量监督部门颁发的食品生产许可证：

（一）符合国家奶业产业政策；

（二）厂房的选址和设计符合国家有关规定；

（三）有与所生产的乳制品品种和数量相适应的生产、包装和检测设备；

（四）有相应的专业技术人员和质量检验人员；

（五）有符合环保要求的废水、废气、垃圾等污染物的处理设施；

（六）有经培训合格并持有有效健康证明的从业人员；

（七）法律、行政法规规定的其他条件。

质量监督部门对乳制品生产企业颁发食品生产许可证，应当征求所在地工业行业管理部门的意见。

未取得食品生产许可证的任何单位和个人，不得从事乳制品生产。

**第二十九条** 乳制品生产企业应当建立质量管理制度，采取质量安全管理措施，对乳制品生产实施从原料进厂到成品出厂的全过程质量控制，保证产品质量安全。

**第三十条** 乳制品生产企业应当符合良好生产规范要求。国家鼓励乳制品生产企业实施危害分析与关键控制点体系，提高乳制品安全管理水平。生产婴幼儿奶粉的企业应当实施危害分析与关键控制点体系。

对通过良好生产规范、危害分析与关键控制点体系认证的乳制品生产企业，认证机构应当依法实施跟踪调查；对不再符合认证要求的企业，应当依法撤销认证，并及时向有关主管部门报告。

**第三十一条** 乳制品生产企业应当建立生鲜乳进货查验制度，逐批检测收购的生鲜乳，如实记录质量检测情况、供货者的名称以及联系方式、进货日期等内容，并查验运输车辆生鲜乳交接单。查验记录和生鲜乳交接单应当保存 2 年。乳制品生产企业不得向未取得生鲜乳收购许可证的单位和个人购进生鲜乳。

乳制品生产企业不得购进兽药等化学物质残留超标，或者含有重金属等有毒有害物质、致病性的寄生虫和微生物、生物毒素以及其他不符合乳品质量安全国家标准的生鲜乳。

**第三十二条** 生产乳制品使用的生鲜乳、辅料、添加剂等，应当符合法律、行政法规的规定和乳品质量安全国家标准。

生产的乳制品应当经过巴氏杀菌、高温杀菌、超高温杀菌或者其他有效方式杀菌。

生产发酵乳制品的菌种应当纯良、无害，定期鉴定，防止杂菌污染。

生产婴幼儿奶粉应当保证婴幼儿生长发育所需的营养成分，不得添加任何可能危害婴幼儿身体健康和生长发育的物质。

**第三十三条** 乳制品的包装应当有标签。标签应当如实标明产品名称、规格、净含量、生产日期，成分或者配料表，生产企业的名称、地址、联系方式，保质期，产品标准代号，贮存条件，所使用的食品添加剂的化学通用名称，食品生产许可证编号，法律、行政法规或者乳品质量安全国家标准规定必须标明的其他事项。

使用奶粉、黄油、乳清粉等原料加工的液态奶，应当在包装上注明；使用复原乳作为原料生产液态奶的，应当标明“复原乳”字样，并在产品配料中如实标明复原乳所含原料及比例。

婴幼儿奶粉标签还应当标明主要营养成分及其含量，详细说明使用方法和注意事项。

**第三十四条** 出厂的乳制品应当符合乳品质量安全国家标准。

乳制品生产企业应当对出厂的乳制品逐批检验，并保存检验报告，留取样品。检验内容应当包括乳制品的感官指标、理化指标、卫生指标和乳制品中使用的添加剂、稳定剂以及酸奶中使用的菌种等；婴幼儿奶粉在出厂前还应当检测营养成分。对检验合格的乳制品应当标识检验合格证号；检验不合格的不得出厂。检验报告应当保存2年。

**第三十五条**　乳制品生产企业应当如实记录销售的乳制品名称、数量、生产日期、生产批号、检验合格证号、购货者名称及其联系方式、销售日期等。

**第三十六条**　乳制品生产企业发现其生产的乳制品不符合乳品质量安全国家标准、存在危害人体健康和生命安全危险或者可能危害婴幼儿身体健康或者生长发育的，应当立即停止生产，报告有关主管部门，告知销售者、消费者，召回已经出厂、上市销售的乳制品，并记录召回情况。

乳制品生产企业对召回的乳制品应当采取销毁、无害化处理等措施，防止其再次流入市场。

## 第五章　乳制品销售

**第三十七条**　从事乳制品销售应当按照食品安全
有关规定，依法向工商行政管理部门申请领取有

**第三十八条**　乳制品销售者应当建立并
审验供货商的经营资格，验明乳制品合
立乳制品进货台账，如实记录乳制品
商及其联系方式、进货时间等内
企业应当建立乳制品销售台
规格、数量、流向等内
于2年。

**第三十九条**
品的质量。

销售需要低温
冷藏措施。

**第四十条**　禁止购进

签残缺不清的乳制品。

禁止购进、销售过期、变质或者不符合乳品质量安全国家标准的乳制品。

**第四十一条** 乳制品销售者不得伪造产地，不得伪造或者冒用他人的厂名、厂址，不得伪造或者冒用认证标志等质量标志。

**第四十二条** 对不符合乳品质量安全国家标准、存在危害人体健康和生命安全或者可能危害婴幼儿身体健康和生长发育的乳制品，销售者应当立即停止销售，追回已经售出的乳制品，并记录追回情况。

乳制品销售者自行发现其销售的乳制品有前款规定情况的，还应当立即报告所在地工商行政管理等有关部门，通知乳制品生产企业。

**第四十三条** 乳制品销售者应当向消费者提供购货凭证，履行不合格乳制品的更换、退货等义务。

乳制品销售者依照前款规定履行更换、退货等义务后，属于乳制品生产企业或者供货商的责任的，销售者可以向乳制品生产企业或者供货商追偿。

**第四十四条** 进口的乳品应当按照乳品质量安全国家标准进验；尚未制定乳品质量安全国家标准的，可以参照国家有关定的国外有关标准进行检验。

**四十五条** 出口乳品的生产者、销售者应当保证其出口乳品质量安全国家标准的同时还符合进口国家（地区）合同要求。

## 第六章 监督检查

县级以上人民政府畜牧兽医主管部门应当加强鲜乳生产环节、收购环节的监督检查。县级以部门应当加强对乳制品生产环节和乳品进出口环节的监督检查。县级以上工商行政管理部门应当加强对乳制品销售环节的监督检查。县级以上食品药品监督部门应当加强对乳制品餐饮服务环节的监督管理。监督检查部门之间，监督检查部门与其他有关部门之间，应当及时通报乳品质量安全监督管理信息。

畜牧兽医、质量监督、工商行政管理等部门应当定期开展监督抽查，并记录监督抽查的情况和处理结果。需要对乳品进行抽样检查的，不得收取任何费用，所需费用由同级财政列支。

**第四十七条** 畜牧兽医、质量监督、工商行政管理等部门在依据各自职责进行监督检查时，行使下列职权：

（一）实施现场检查；

（二）向有关人员调查、了解有关情况；

（三）查阅、复制有关合同、票据、账簿、检验报告等资料；

（四）查封、扣押有证据证明不符合乳品质量安全国

的乳品以及违法使用的生鲜乳、辅料、添加剂；

（五）查封涉嫌违法从事乳品生产经营活动

于违法生产经营的工具、设备；

（六）法律、行政法规规定的其他

**第四十八条** 县级以上质量监

监督检查中，对不符合乳品质

康和生命安全危险或者可

制品，责令并监督生

**第四十九条**

鲜乳购销过程中

为的监督检查。

**第五十条** 畜牧兽

理部门应当建立乳品生产

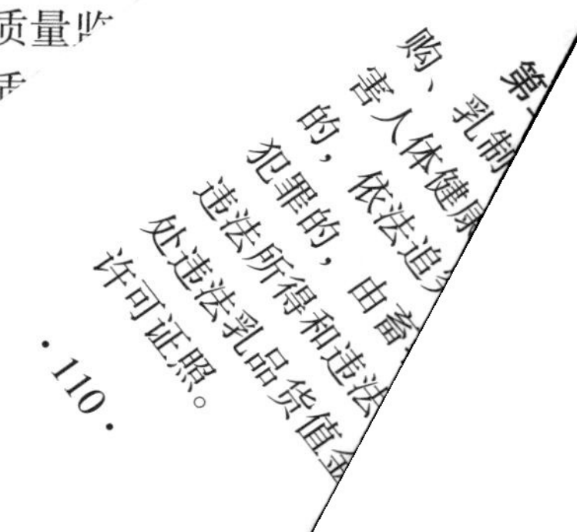

人民银行，由中国人民银行纳入企业信用信息基础数据库。

**第五十一条**　省级以上人民政府畜牧兽医主管部门、质量监督部门、工商行政管理部门依据各自职责，公布乳品质量安全监督管理信息。有关监督管理部门应当及时向同级卫生主管部门通报乳品质量安全事故信息；乳品质量安全重大事故信息由省级以上人民政府卫生主管部门公布。

**第五十二条**　有关监督管理部门发现奶畜养殖者、生鲜乳收购者、乳制品生产企业和销售者涉嫌犯罪的，应当及时移送公安机关立案侦查。

**第五十三条**　任何单位和个人有权向畜牧兽医、卫生、质量监督、工商行政管理、食品药品监督等部门举报乳品生产经营中的违法行为。畜牧兽医、卫生、质量监督、工商行政管理、食品药品监督等部门应当公布本单位的电子邮件地址和举报电话；对接到的举报，应当完整地记录、保存。

接到举报的部门对属于本部门职责范围内的事项，应当及时依法处理，对于实名举报，应当及时答复；对不属于本部门职责范围内的事项，应当及时移交有权处理的部门，有权处理的部门当立即处理，不得推诿。

## 第七章　法律责任

**五十四条**　生鲜乳收购者、乳制品生产企业在生鲜乳收品生产过程中，加入非食品用化学物质或者其他可能危的物质，依照刑法第一百四十四条的规定，构成犯罪刑事责任，并由发证机关吊销许可证照；尚不构成牧兽医主管部门、质量监督部门依据各自职责没收生产的乳品，以及相关的工具、设备等物品，并额 15 倍以上 30 倍以下罚款，由发证机关吊销

**第五十五条** 生产、销售不符合乳品质量安全国家标准的乳品，依照刑法第一百四十三条的规定，构成犯罪的，依法追究刑事责任，并由发证机关吊销许可证照；尚不构成犯罪的，由畜牧兽医主管部门、质量监督部门、工商行政管理部门依据各自职责没收违法所得、违法乳品和相关的工具、设备等物品，并处违法乳品货值金额10倍以上20倍以下罚款，由发证机关吊销许可证照。

**第五十六条** 乳制品生产企业违反本条例第三十六条的规定，对不符合乳品质量安全国家标准、存在危害人体健康和生命安全或者可能危害婴幼儿身体健康和生长发育的乳制品，不停止生产、不召回的，由质量监督部门责令停止生产、召回；拒不停止生产、拒不召回的，没收其违法所得、违法乳制品和相关的工具、设备等物品，并处违法乳制品货值金额15倍以上30倍以下罚款，由发证机关吊销许可证照。

**第五十七条** 乳制品销售者违反本条例第四十二条的规定，对不符合乳品质量安全国家标准、存在危害人体健康和生命安全或者可能危害婴幼儿身体健康和生长发育的乳制品，不停止销售、不追回的，由工商行政管理部门责令停止销售、追回；拒不停止销售、拒不追回的，没收其违法所得、违法乳制品和相关的工具、设备等物品，并处违法乳制品货值金额15倍以上30倍以下罚款，由发证机关吊销许可证照。

**第五十八条** 违反本条例规定，在婴幼儿奶粉生产过程中，加入非食品用化学物质或其他可能危害人体健康的物质的，或者生产、销售的婴幼儿奶粉营养成分不足、不符合乳品质量安全国家标准的，依照本条例规定，从重处罚。

**第五十九条** 奶畜养殖者、生鲜乳收购者、乳制品生产企业和销售者在发生乳品质量安全事故后未报告、处置的，由畜牧兽医、质量监督、工商行政管理、食品药品监督等部门依据各自职责，责令改正，给予警告；毁灭有关证据的，责令停产停业，并处10万元以上20万元以下罚款；造成严重后果的，由发证机关吊销许可证照；构成犯罪的，依法追究刑事责任。

**第六十条** 有下列情形之一的，由县级以上地方人民政府畜牧兽医主管部门没收违法所得、违法收购的生鲜乳和相关的设备、设施等物品，并处违法乳品货值金额5倍以上10倍以下罚款；有许可证照的，由发证机关吊销许可证照：

（一）未取得生鲜乳收购许可证收购生鲜乳的；

（二）生鲜乳收购站取得生鲜乳收购许可证后，不再符合许可条件继续从事生鲜乳收购的；

（三）生鲜乳收购站收购本条例第二十四条规定禁止收购的生鲜乳的。

**第六十一条** 乳制品生产企业和销售者未取得许可证，或者取得许可证后不按照法定条件、法定要求从事生产销售活动的，由县级以上地方质量监督部门、工商行政管理部门依照《国务院关于加强食品等产品安全监督管理的特别规定》等法律、行政法规的规定处罚。

**第六十二条** 畜牧兽医、卫生、质量监督、工商行政管理等部门，不履行本条例规定职责、造成后果的，或者滥用职权、有其他渎职行为的，由监察机关或者任免机关对其主要负责人、直接负责的主管人员和其他直接责任人员给予记大过或者降级的处分；造成严重后果的，给予撤职或者开除的处分；构成犯罪的，依法追究刑事责任。

## 第八章　附则

**第六十三条** 草原牧区放牧饲养的奶畜所产的生鲜乳收购办法，由所在省、自治区、直辖市人民政府参照本条例另行制定。

**第六十四条** 本条例自公布之日起施行。

# （二）生鲜乳生产收购管理办法

## 中华人民共和国农业部令　第15号

《生鲜乳生产收购管理办法》已经2008年11月4日农业部第8次常务会议审议通过，现予发布，自公布之日起施行。

二〇〇八年十一月

### 第一章　总则

**第一条**　为加强生鲜乳生产收购管理，保证生鲜乳质量安全，促进奶业健康发展，根据《乳品质量安全监督管理条例》，制定本办法。

**第二条**　本办法所称生鲜乳，是指未经加工的奶畜原奶。

**第三条**　在中华人民共和国境内从事生鲜乳生产、收购、贮存、运输、出售活动，应当遵守本办法。

**第四条**　奶畜养殖者、生鲜乳收购者、生鲜乳运输者对其生产、收购、运输和销售的生鲜乳质量安全负责，是生鲜乳质量安全的第一责任者。

**第五条**　县级以上人民政府畜牧兽医主管部门负责奶畜饲养以及生鲜乳生产环节、收购环节的监督管理。

县级以上人民政府其他有关部门在各自职责范围内负责生鲜乳质量安全监督管理的其他工作。

**第六条**　生产、收购、贮存、运输、销售的生鲜乳，应当符合乳品质量安全国家标准。

禁止在生鲜乳生产、收购、贮存、运输、销售过程中添加任何物质。

**第七条** 省级人民政府畜牧兽医主管部门会同发展改革部门、工业和信息化部门、商务部门，制定本行政区域的奶业发展规划，加强奶源基地建设，鼓励和支持标准化规模养殖，完善服务体系，促进奶业健康发展。

县级以上地方人民政府应当根据全国和省级奶业发展规划，合理确定本行政区域内奶畜养殖规模，科学安排生鲜乳的生产、收购布局。

**第八条** 奶业协会应当加强行业自律，推动行业诚信建设，引导、规范奶畜养殖者、生鲜乳收购者依法生产经营。

## 第二章 生鲜乳生产

**第九条** 地方畜牧兽医技术推广机构，应当结合当地奶畜发展需要，向奶畜养殖者提供奶畜品种登记、奶牛生产性能测定、青粗饲料生产与利用、标准化养殖、奶畜疫病防治、粪便无害化处理等技术服务，并开展相关技术培训。

鼓励大专院校、科研院所、乳制品生产企业及其他相关生产经营者为养殖者提供所需的服务。

**第十条** 奶畜养殖场、养殖小区，应当符合法律、行政法规规定的条件，并向县级人民政府畜牧兽医主管部门或者其委托的畜牧技术推广机构备案，获得奶畜养殖代码。

鼓励乳制品生产企业建立自己的奶源基地，按照良好规范要求实施标准化生产和管理。

**第十一条** 奶畜养殖场应当按照《乳品质量安全监督管理条例》第十三条规定建立养殖档案，准确填写有关信息，做好档案保存工作。奶畜养殖小区应当逐步建立养殖档案。

县级人民政府畜牧兽医主管部门应当督促和指导奶畜养殖场、奶畜养殖小区依法建立科学、规范的养殖档案。

**第十二条** 从事奶畜养殖，不得在饲料、饲料添加剂、兽药中添加动物源性成分（乳及乳制品除外），不得添加对动物和人体具有直接或者潜在危害的物质。

**第十三条** 奶畜养殖者应当遵守农业部制定的生鲜乳生产技术规程。直接从事挤奶工作的人员应当持有有效的健康证明。

奶畜养殖者对挤奶设施、生鲜乳贮存设施等应当在使用前后及时进行清洗、消毒，避免对生鲜乳造成污染，并建立清洗、消毒记录。

**第十四条** 挤奶完成后，生鲜乳应当储存在密封的容器中，并及时做降温处理，使其温度保持在 0~4℃。超过 2h 未冷藏的，不得销售。

**第十五条** 奶畜养殖者可以向符合本办法规定的生鲜乳收购站出售自养奶畜产的生鲜乳。

**第十六条** 禁止出售下列生鲜乳：

（一）经检测不符合健康标准或者未经检疫合格的奶畜产的；

（二）奶畜产犊 7 日内的初乳，但以初乳为原料从事乳制品生产的除外；

（三）在规定用药期和休药期内的奶畜产的；

（四）添加其他物质和其他不符合乳品质量安全国家标准的。

## 第三章 生鲜乳收购

**第十七条** 省级人民政府畜牧兽医主管部门应当根据当地奶源分布情况，按照方便奶畜养殖者、促进规模化养殖的原则，制定生鲜乳收购站建设规划，对生鲜乳收购站进行科学合理布局。

县级人民政府畜牧兽医主管部门应当根据本省的生鲜乳收购站建设规划，结合本地区奶畜存栏量、日产奶量、运输半径等因素，确定生鲜乳收购站的建设数量和规模，并报省级人民政府畜牧兽医主管部门批准。

**第十八条** 取得工商登记的乳制品生产企业、奶畜养殖场、奶农专业生产合作社开办生鲜乳收购站，应当符合法定条件，向所在地县级人民政府畜牧兽医主管部门提出申请，并提交以下材料：

（一）开办生鲜乳收购站申请；

（二）生鲜乳收购站平面图和周围环境示意图；

（三）冷却、冷藏、保鲜设施和低温运输设备清单；

（四）化验、计量、检测仪器设备清单；

（五）开办者的营业执照复印件和法定代表人身份证明复印件；

（六）从业人员的培训证明和有效的健康证明；

（七）卫生管理和质量安全保障制度。

**第十九条** 县级人民政府畜牧兽医主管部门应当自受理申请材料之日起 20 日内，完成申请材料的审核和对生鲜乳收购站的现场核查。符合规定条件的，向申请人颁发生鲜乳收购许可证，并报省级人民政府畜牧兽医主管部门备案。不符合条件的，书面通知当事人，并说明理由。

**第二十条** 生鲜乳收购许可证有效期 2 年。有效期满后，需要继续从事生鲜乳收购的，应当在生鲜乳收购许可证有效期满 30 日前，持原证重新申请。重新申请的程序与原申请程序相同。

生鲜乳收购站的名称或者负责人变更的，应当向原发证机关申请换发生鲜乳收购许可证，并提供相应证明材料。

**第二十一条** 生鲜乳收购站的挤奶设施和生鲜乳贮存设施使用前应当消毒并晾干，使用后 1h 内应当清洗、消毒并晾干；不用时，用防止污染的方法存放好，避免对生鲜乳造成污染。

生鲜乳收购站使用的洗涤剂、消毒剂、杀虫剂和其他控制害虫的产品应当确保不对生鲜乳造成污染。

**第二十二条** 生鲜乳收购站应当按照乳品质量安全国家标准对收购的生鲜乳进行感官、酸度、密度、含碱等常规检测。检测费用由生鲜乳收购站自行承担，不得向奶畜养殖者收取，或者变相转嫁给奶畜养殖者。

**第二十三条** 生鲜乳收购站应当建立生鲜乳收购、销售和检测记录，并保存2年。

生鲜乳收购记录应当载明生鲜乳收购站名称及生鲜乳收购许可证编号、畜主姓名、单次收购量、收购日期和时点。

生鲜乳销售记录应当载明生鲜乳装载量、装运地、运输车辆牌照、承运人姓名、装运时间、装运时生鲜乳温度等内容。

生鲜乳检测记录应当载明检测人员、检测项目、检测结果、检测时间。

**第二十四条** 生鲜乳收购站收购的生鲜乳应当符合乳品质量安全国家标准。不符合乳品质量安全国家标准的生鲜乳，经检测无误后，应当在当地畜牧兽医主管部门的监督下销毁或者采取其他无害化处理措施。

**第二十五条** 贮存生鲜乳的容器，应当符合散装乳冷藏罐国家标准。

## 第四章 生鲜乳运输

**第二十六条** 运输生鲜乳的车辆应当取得所在地县级人民政府畜牧兽医主管部门核发的生鲜乳准运证明。无生鲜乳准运证明的车辆，不得从事生鲜乳运输。

生鲜乳运输车辆只能用于运送生鲜乳和饮用水，不得运输其他物品。

生鲜乳运输车辆使用前后应当及时清洗消毒。

**第二十七条** 生鲜乳运输车辆应当具备以下条件：

（一）奶罐隔热、保温，内壁由防腐蚀材料制造，对生鲜乳质量安全没有影响；

（二）奶罐外壁用坚硬光滑、防腐、可冲洗的防水材料制造；

（三）奶罐设有奶样存放舱和装备隔离箱，保持清洁卫生，避免尘土污染；

（四）奶罐密封材料耐脂肪、无毒，在温度正常的情况下具有耐清洗剂的能力；

（五）奶车顶盖装置、通气和防尘罩设计合理，防止奶罐和生鲜乳受到污染。

**第二十八条** 生鲜乳运输车辆的所有者，应当向所在地县级人民政府畜牧兽医主管部门提出生鲜乳运输申请。县级人民政府畜牧兽医主管部门应当自受理申请之日起5日内，对车辆进行检查，符合规定条件的，核发生鲜乳准运证明。不符合条件的，书面通知当事人，并说明理由。

**第二十九条** 从事生鲜乳运输的驾驶员、押运员应当持有有效的健康证明，并具有保持生鲜乳质量安全的基本知识。

**第三十条** 生鲜乳运输车辆应当随车携带生鲜乳交接单。生鲜乳交接单应当载明生鲜乳收购站名称、运输车辆牌照、装运数量、装运时间、装运时生鲜乳温度等内容，并由生鲜乳收购站经手人、押运员、驾驶员、收奶员签字。

**第三十一条** 生鲜乳交接单一式两份，分别由生鲜乳收购站和乳品生产者保存，保存时间2年。

## 第五章 监督检查

**第三十二条** 县级以上人民政府畜牧兽医主管部门应当加强对奶畜饲养以及生鲜乳生产、收购环节的监督检查，定期开展生鲜乳质量检测抽查，并记录监督抽查的情况和处理结果。需要对生鲜乳进行抽样检查的，不得收取任何费用。

**第三十三条** 县级以上人民政府畜牧兽医主管部门在进行监督检查时，行使下列职权：

（一）对奶畜养殖场所、生鲜乳收购站、生鲜乳运输车辆实施现场检查；

（二）向有关人员调查、了解有关情况；

（三）查阅、复制养殖档案、生鲜乳收购记录、购销合同、检验报告、生鲜乳交接单等资料；

（四）查封、扣押有证据证明不符合乳品质量安全标准的生鲜乳；

（五）查封涉嫌违法从事生鲜乳生产经营活动的场所，扣押用于违法生产、收购、贮存、运输生鲜乳的车辆、工具、设备；

（六）法律、行政法规规定的其他职权。

**第三十四条** 畜牧兽医主管部门应当建立生鲜乳生产者、收购者、运输者违法行为记录，及时提供给中国人民银行，由中国人民银行纳入企业信用信息基础数据库。

**第三十五条** 省级以上人民政府畜牧兽医主管部门应当依法公布生鲜乳质量安全监督管理信息，并及时向同级卫生主管部门通报生鲜乳质量安全事故信息。

**第三十六条** 县级以上人民政府畜牧兽医主管部门发现奶畜养殖者和生鲜乳收购者、运输者、销售者涉嫌犯罪的，应当及时移送公安机关立案侦查。

**第三十七条** 任何单位和个人有权向畜牧兽医主管部门举报生鲜乳生产经营中的违法行为。各级畜牧兽医主管部门应当公布本单位的电子邮件地址或者举报电话；对接到的举报，应当完整地记录、保存。

各级畜牧兽医主管部门收到举报的，对属于本部门职责范围内的事项，应当及时依法查处，对于实名举报，应当及时答复；对不属于本部门职责范围内的事项，应当及时移交有权处理的部门。

**第三十八条** 县级人民政府畜牧兽医主管部门在监督检查中发现生鲜乳运输车辆不符合规定条件的，应当收回生鲜乳准运证明，或者通报核发生鲜乳准运证明的畜牧兽医主管部门收回，同时通报有关乳制品加工企业。

**第三十九条** 其他违反本办法规定的行为，依照《畜牧法》《乳品质量安全监督管理条例》的有关规定进行处罚。

## 第六章 附则

**第四十条** 本办法自发布之日起施行。

# （三）《生鲜乳生产技术规程（试行）》

## 农业部办公厅关于印发《生鲜乳生产技术规程（试行）》的通知

农办牧〔2008〕68号

各省（自治区、直辖市）畜牧（农牧、农业、农林）厅（局、委、办），新疆生产建设兵团畜牧兽医局，中国奶业协会：

生鲜乳生产环节质量控制与乳品质量安全紧密相关。为进一步规范生鲜乳生产，推进标准化规模养殖，提高生鲜乳质量安全水平，按照《乳品质量安全监督管理条例》的要求，我们组织制定了《生鲜乳生产技术规程（试行）》。现印发给你们，请结合生产实际，参照执行，并及时向农业部畜牧业司反馈执行过程中遇到的实际问题。

附件：生鲜乳生产技术规程（试行）

二〇〇八年十月二十九日

附件：

## 生鲜乳生产技术规程（试行）

为严格实施《乳品质量安全监督管理条例》，规范生鲜乳生产过程中环境控制，饲料与饲养管理，挤奶操作，贮存与运输，疫病防治等技术环节，特制定《生鲜乳生产技术规程（试行）》。该规程以《生鲜牛乳质量管理规范》（NY/T 1172—2006）、《奶牛饲养标准》（NY/T 34—2004）、《奶牛标准化规模养殖生产技术规范（试行）》等标准为基础，重点对生鲜牛乳生产技术加以规范。其他奶畜生鲜乳生产参照此规程实施。

## 1　奶牛场选址设计与环境

奶牛场的建设与环境控制是生鲜牛乳质量安全的保障。奶牛场的规划建设要利于生产发展，符合动物防疫条件要求，不污染周围环境。鼓励适度规模的奶牛养殖小区向奶牛养殖场、各种形式的奶牛合作社过渡。

1.1　选址

1.1.1　原则，符合当地土地利用发展规划，与农牧业发展规划、农田基本建设规划等相结合，科学选址，合理布局。

1.1.2　地势，选择总体平坦、地势高燥、背风向阳、排水通畅、环境安静，具有一定缓坡的地方，不宜建在低凹、风口处。

1.1.3　水源，应有充足并符合卫生要求的水源，取用方便，能够保证生产、生活用水。

1.1.4　土质，以沙壤土、沙土较适宜，不宜在黏土地带建设。

1.1.5　气象，要综合考虑当地的气象因素，如最高温度、最低温度、湿度、年降雨量、主风向、风力等，选择有利地势。

1.1.6　交通便利，但与公路主干线距离不小于 500 米。

1.1.7　周边环境，应距居民点 1 000米以上，且位于下风处，远离其他畜禽养殖场，周围 1 500米以内无化工厂、畜产品加工厂、畜禽交易市场、屠宰厂、垃圾及污水处理场所、兽医院等容易产生污染的企业和单位，距离风景旅游区、自然保护区以及水源保护区 2 000米以上。

1.2　布局，奶牛场一般包括生活管理区、辅助生产区、生产区、粪污处理区和病畜隔离区等功能区。养殖小区实行集中机械挤奶，统一饲养管理。

1.2.1　生活管理区，包括与经营管理有关的建筑物。应建在奶牛场上风处和地势较高地段，并与生产区严格分开，保证

50 米以上距离。

1.2.2　辅助生产区，主要包括供水、供电、供热、维修、草料库等设施，要紧靠生产区。干草库、饲料库、饲料加工调制车间、青贮窖应设在生产区边沿下风地势较高处。

1.2.3　生产区，主要包括牛舍、挤奶厅、人工授精室和兽医室等生产性建筑。应设在场区的下风位置，入口处设人员消毒室、更衣室和车辆消毒池。生产区奶牛舍要合理布局，能够满足奶牛分阶段、分群饲养的要求，泌乳牛舍应靠近挤奶厅，各牛舍之间要保持适当距离，布局整齐，以便防疫和防火。

1.2.4　粪污处理、病畜隔离区，主要包括隔离牛舍、病死牛处理及粪污储存与处理设施。应设在生产区外围下风地势低处，与生产区保持 100 米以上的间距。粪尿污水处理、病牛隔离区应有单独通道，便于病牛隔离、消毒和污物处理。

1.3　奶牛场内环境

1.3.1　道路，场区内净道和污道要严格分开，避免交叉。净道主要用于牛群周转、饲养员行走和运料等。污道主要用于粪污、废弃疫苗药物和病死牛等废弃物出场。

1.3.2　牛舍，牛舍内的温度、湿度和气流（风速）应满足奶牛不同生长和生理阶段的要求；保证牛舍的自然采光，夏季应避免直射光，冬季应增加直射光；控制灰尘和有毒、有害气体的含量。

1.3.3　牛床，牛床应有一定厚度的垫料，坡度达到 1°~1.5°。

1.3.4　水质，牛场用水水质要达到《生活饮用水卫生标准》（GB 5749—2006）。

1.3.5　运动场，地面平坦，中央高，向四周方向有一定的缓坡或从靠近牛舍的一侧向外侧有一定的缓坡，具有良好的渗水性和弹性，易于保持干燥。可采用三合土、立砖或沙土铺面。应经常清理运动场的粪便，防止饮水槽跑、冒、滴、漏造成饮水区的泥泞，保证奶牛体表的清洁。四周应建有排水沟。

1.3.6　牛场排水，场内雨水可采用明沟排放，污水采用三级沉淀系统处理。

1.3.7　粪污堆放和处理，粪污应遵循减量化、无害化和资源化利用的原则，安排专门场地，采用粪尿分离方式处理。粪呈固态贮放，最好采用硬化地面。固态粪便以高温堆肥发酵处理为主，远离各类功能地表水体（距离不得小于400米），并应设在养殖场生产及生活管理区的常年主导风向的下风向或侧风向处，最好在农田附近。

## 2　选育与繁殖

2.1　母牛选留要求

2.1.1　母犊牛，初生重应达到品种标准要求，身体健康，发育正常，无任何生理缺陷，三代系谱清楚且无明显缺陷。

2.1.2　后备牛，根据母牛的体尺、体重、生长发育和系谱资料进行选留和淘汰。主要指标包括6月龄、第一次配种（15~18月龄）的体尺、体重。各项指标须达到品种标准。

2.2　冻精选择

2.2.1　种公牛，提倡选用优秀种公牛，最好选择有后裔测定成绩的公牛。

2.2.2　细管冻精，细管冷冻精液应符合《牛冷冻精液》标准（GB 4143—2008），标注生产种公牛站名称或代码、种公牛号和生产日期等内容。

2.3　繁殖

2.3.1　发情配种，配种员要定时观察母牛发情情况，并及时进行配种。

2.3.2　繁殖障碍防治，对发情异常与久配不孕的母牛进行直肠检查，及时对症治疗。

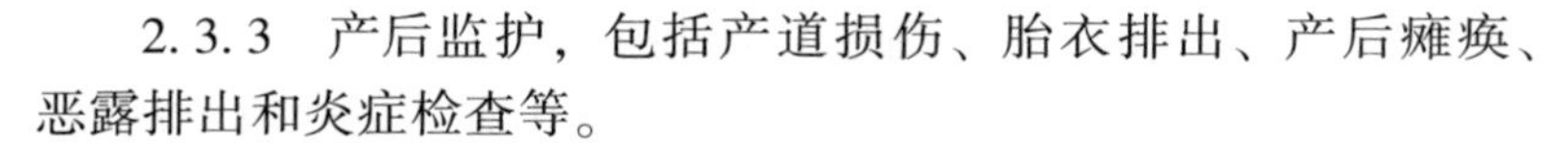

2.3.3 产后监护，包括产道损伤、胎衣排出、产后瘫痪、恶露排出和炎症检查等。

### 3 饲料与日粮配制

饲料与日粮是奶牛生产的基础，直接关系生鲜牛乳的质量。饲料配制必须以满足奶牛健康为前提，根据奶牛生产各阶段的营养需求加以调整。

3.1 饲料类型，在生产上常用饲料一般分为粗饲料（包括青绿饲料、青贮饲料、干草和秸秆等）和精饲料（指玉米等能量饲料、豆粕等蛋白类饲料以及矿物质饲料和维生素等饲料添加剂）等。

3.2 全年的饲料需要量，为确保奶牛饲料常年均衡供应，尽可能采用适合本地区的经济、高效的平衡日粮。根据各阶段牛的饲料需要量，制订全年饲料生产、储备和供应计划。各阶段奶牛年头均主要饲料需要量见下表。

**各阶段奶牛年头均主要饲料需要量** 单位：千克

| 饲料 | 阶段 | | | |
|---|---|---|---|---|
| | 成年牛 | 青年牛 | 育成牛 | 犊牛 |
| 精饲料 | 2 200~2 500 | 1 000~1 200 | 900~1 000 | 300~330 |
| 羊草 | 1 500~2 000 | 1 500~2 200 | 1 000~1 400 | 300~400 |
| 苜蓿干草 | 1 100~1 500 | 400~600 | | |
| 青贮玉米 | 6 000~8 000 | 2 500~3 000 | 1 800~2 000 | |
| 糟渣类 | 2 000~3 000 | | | |
| 块根、块茎类 | 500~1 000 | | | |
| 牛乳 | | | | 300~400 |

1. 本数据适用于年产奶量 5 000kg 以上的母牛。
2. 精饲料中能量饲料占 55%~65%，蛋白质饲料占 25%~35%，复合预混料占 4%~5%。
3. 犊牛饲料是犊牛期 6 个月的需要量。

3.3 粗饲料的收获、加工、调制与储存管理，优质粗饲料是保证奶牛高产、瘤胃健康以及改善生鲜牛乳质量的重要饲料。在奶牛生产中，鼓励增加优质牧草的使用量，满足奶牛合成乳脂和乳蛋白的需要。

3.3.1 干草，禾本科牧草应在抽穗期收割，豆科牧草应于初花现蕾期刈割。割后应及时晾晒，打捆后放在棚内贮藏，也可露天堆垛，应避免发霉变质。垛基应用秸秆或石头铺垫，垛顶应封好。

3.3.2 青贮饲料，主要有玉米青贮和半干苜蓿青贮两种。我国目前制作的青贮饲料多为玉米青贮。

3.3.2.1 原料要求，青贮玉米适宜收割期为乳熟后期至蜡熟前期。入窖时原料水分应控制在70%左右。青贮原料应含一定的可溶性糖（>2%），含糖量不足时，应掺入含糖量较高的青绿饲料或添加适量淀粉、糖蜜等。

3.3.2.2 铡切长度，青贮前，原料要切碎至1~2厘米，不宜切得过长。

3.3.2.3 压实和密封，填料时，应边装料边用装载机或链轨推土机层层压实，避免雨淋。可用防老化的双层塑料布覆盖密封，不漏气、不渗水，塑料布表面应覆盖压实。

3.3.3 农作物秸秆，农作物秸秆的加工处理包括物理、化学和微生物处理方法。

3.3.3.1 物理处理，主要包括切短、粉碎、揉碎、压块、制粒和膨化。

3.3.3.2 化学处理，主要包括石灰液处理、氢氧化钠液处理、氨化处理。氨化处理多用液氨、氨水、尿素等。

3.3.3.3 生物处理，主要是黄贮和秸秆微贮技术。

3.4 保证生鲜牛乳质量的饲料原料控制

3.4.1 饲料原料要求禁止在饲料和饮用水中添加国家禁用

的药物以及其他对动物和人体具有直接或者潜在危害的物质。禁止在饲料中添加肉骨粉、骨粉、肉粉、血粉、血浆粉、动物下脚料、动物脂肪、干血浆及其他血浆制品、脱水蛋白、蹄粉、角粉、鸡杂碎粉、羽毛粉、油渣、鱼粉、骨胶等动物源性成份（乳及乳制品除外），以及用这些原料加工制作的各类饲料。禁止在饲料中加入三聚氰胺、三聚氰酸以及含三聚氰胺的下脚料。不饲喂可使生鲜牛乳产生异味的饲料，如丁酸发酵的青贮饲料、芜菁、韭菜、葱类等。

3.4.2 饲料卫生，要求使用的精料补充料、浓缩饲料等要符合饲料卫生标准。防止饲草被养殖动物、野生动物的粪便污染，避免引发疾病。不喂发霉变质的饲料，避免造成生鲜牛乳中黄曲霉素等生物毒素的残留。

3.4.3 饲料的贮藏，要防雨、防潮、防火、防冻、防霉变及防鼠、防虫害；饲料应堆放整齐，标识鲜明，便于先进先出；饲料库应有严格的管理制度，有准确的出入库、用料和库存记录。化学品（如农药、处理种子的药物等）的存放和混合要远离饲草、饲料储存区域。

3.5 日粮配制

3.5.1 配制原则，应按照《奶牛营养需要和饲料成分》的要求，结合奶牛群实际，科学设计日粮配方。日粮配制应精、粗料比例合理，营养全面，能够满足奶牛的营养需要。

3.5.2 日粮配制应注意的问题

3.5.2.1 优先保证粗饲料尤其是优质粗饲料的供给，日粮中应确保有稳定的玉米青贮供应，产奶牛以日均 15 千克以上为宜；每天须采食 5 千克以上的干草，应优先选用苜蓿、羊草和其他优质干草等，提倡多种搭配。

3.5.2.2 精、粗饲料搭配合理，营养平衡日粮配合比例一般为粗饲料占 45%~60%，精饲料占 35%~50%，矿物质类饲料占3%~4%，维生素及微量元素添加剂占1%，钙磷比为（1.5~2.0）：1。

3.5.3 全混合日粮（TMR）指根据奶牛营养需要，把粗饲料、精饲料及辅助饲料等按合理的比例及要求，利用专用饲料搅拌机械进行切割、搅拌，使之成为混合均匀、营养平衡的一种日粮。TMR的水分应控制在40%~50%。

3.5.3.1 饲料添加原则，遵循先干后湿，先轻后重的原则。添加顺序为先干草，然后是青贮饲料，最后是精料补充料和湿糟类。

3.5.3.2 搅拌时间，掌握适宜搅拌时间的原则是确保搅拌后TMR中至少有20%的干草长度大于4厘米。一般情况下，最后一种饲料加入后搅拌5~8min。为避免饲料变质，夏季应分2-3次搅拌投喂。

3.5.3.3 效果评价，搅拌效果好的TMR表现为精、粗饲料混合均匀，松散不分离，色泽均匀，新鲜不发热、无异味，不结块。以奶牛不挑食为佳。

## 4 饲养管理

### 4.1 犊牛的饲养管理（0~6月龄）

#### 4.1.1 犊牛哺乳期（0~60日龄）

4.1.1.1 接产，犊牛出生后立即清除口、鼻、耳内的黏液，确保呼吸畅通，擦干牛体。在距腹部6~8厘米处断脐，挤出脐内污物，并用5%的碘酒消毒，然后称重、佩戴耳标、照相、登记系谱、填写出生记录、放入犊牛栏。

4.1.1.2 喂初乳，应在新生犊牛出生后1~2h内吃到初乳，每次饲喂量为2~2.5千克，日喂2~3次，温度为38℃±1℃，连续5天，5天后逐渐过渡到饲喂常乳或犊牛代乳粉。

4.1.1.3 补饲，犊牛出生一周后可开始训练其采食固体饲料，促进瘤胃的发育。犊牛哺乳期日增重应不低于650克。

4.1.1.4　去角和副乳头，犊牛出生后，在15~30天用电烙铁或药物去角。去副乳头的最佳时间在2~6周，最好避开高温天气。先对副乳头周围清洗消毒，再轻拉副乳头，沿着基部剪除，用5%碘酒消毒。

4.1.1.5　管理，犊牛要求生活在清洁、干燥、宽敞、阳光充足、冬暖夏凉的环境中。保证犊牛有充足、新鲜、清洁卫生的饮水，冬季应饮温水。犊牛饲喂必须做到“五定”，即定质、定时、定量、定温、定人，每次喂完奶后给牛擦干嘴部。卫生应做到“四勤”，即勤打扫、勤换垫草、勤观察、勤消毒。

4.1.2　犊牛断奶期（断奶至6月龄）

4.1.2.1　饲养，犊牛的营养来源主要是精饲料。随着月龄的增长，逐渐增加优质粗饲料的喂量，选择优质干草、苜蓿供犊牛自由采食，4月龄前最好不喂青贮等发酵饲料。干物质采食量逐步达到每头每天4.5千克，其中精料喂量为每头每天1.5~2千克。犊牛断奶期日增重应不低于600克。

4.1.2.2　管理，断奶后犊牛按月龄体重分群散放饲养，自由采食。应保证充足、新鲜、清洁卫生的饮水，冬季应饮温水。保持犊牛圈舍清洁卫生、干燥，定期消毒，预防疾病发生。

4.2　育成牛饲养管理（7~15月龄）

4.2.1　饲养，日粮以粗饲料为主，每头每天饲喂精料2~2.5千克。日粮蛋白水平达到13%~14%；选用中等质量的干草，培养其耐粗饲性能，增进瘤胃消化粗饲料的能力。干物质采食量每头每天应逐步增加到8千克，日增重不低于600克。

4.2.2　管理，适宜采取散放饲养、分群管理。保证充足新鲜的饲料和饮水，定期监测体尺、体重指标，及时调整日粮结构，以确保15月龄前达到配种体重（成年牛体重的75%），保持适宜体况。同时，注意观察发情，做好发情记录，以便适时配种。

4.3 青年牛饲养管理（初配至分娩前）

4.3.1 饲养，青年牛的管理重点是在怀孕后期（预产期前2~3周），可采用干奶后期饲养方式，日粮干物质采食量每头每天10~11千克，日粮粗蛋白水平14%，混合精料每头每天3~5千克。

4.3.2 管理，采取散放饲养、自由采食。不喂变质霉变的饲料，冬季要防止牛在冰冻的地面或冰上滑倒，预防流产。依据膘情适当控制精料供给量，防止过肥，产前21天控制食盐喂量和多汁饲料的饲喂量，预防乳房水肿。

4.4 成母牛各阶段的饲养管理

4.4.1 干奶期，进入妊娠后期，一般在产犊前60天停止挤奶，这段时间称为干奶期。

4.4.1.1 饲养，干奶期奶牛的饲养根据具体体况而定，对于营养状况较差的高产母牛应提高营养水平，从而达到中上等膘情。日粮应以粗料为主，日粮干物质进食占体重的2%~2.5%，每千克干物质应含奶牛能量单位（NND）1.75，粗蛋白水平12%~13%，精、粗料比30：70，精料每头每天2.5~3千克。

4.4.1.2 管理，停奶前10天，应进行隐性乳房炎检测，确定乳房正常后方可停奶。做好保胎工作，禁止饲喂冰冻、腐败变质的饲草饲料，冬季饮水不宜过冷。

4.4.2 围产期，指母牛分娩前后各15天的一段时间。产前15天为围产前期，产后15天为围产后期。

4.4.2.1 围产前期饲养管理，日粮干物质占体重2.5%~3.0%，每千克饲料干物质含NND 2.00，粗蛋白13%，钙0.4%，磷0.4%，精、粗料比为40：60，粗纤维不少于20%。参考喂量：混合料2~5千克、青贮料15千克、干草4千克，补充微量元素及适量添加维生素A、维生素E，并采用低钙饲养法。典型的低钙日粮一般是钙占日粮干物质的0.4%以下，钙、磷比例为

1：1，减少产后瘫痪。但在产犊以后应迅速提高日粮中钙量，以满足产奶时的需要。

奶牛临产前15天转入产房。产房要保持安静，干净卫生。昼夜设专人值班。根据预产期做好产房、产间、助产器械工具的清洗消毒等准备工作。母牛产前应对其外生殖器和后躯消毒。通常情况下，让其自然分娩，如需助产时，要严格消毒手臂和器械。

4.4.2.2 围产后期饲养管理，产后粗饲料以优质干草为主，自由采食。精料换成泌乳料，视食欲状况和乳房消肿程度逐渐增加饲喂量。每千克日粮干物质含钙0.6%，磷0.3%，精、粗料比为40：60，粗蛋白提高到17%，NND为2.2，粗纤维含量不少于18%。

母牛产后开始挤奶时，头1~2把奶要弃掉，一般产后第一天每次只挤2千克左右，满足犊牛需要即可，第二天每次挤奶1/3，第三天挤1/2，第4天才可将奶挤尽。分娩后乳房水肿严重，要加强乳房的热敷和按摩，每次挤奶热敷按摩5~10min，促进乳房消肿。

4.4.3 泌乳早期（指产后16~100天的泌乳阶段，也称泌乳盛期）

4.4.3.1 饲养，干物质采食量由占体重的2.5%~3.0%逐渐增加到3.5%以上，粗蛋白水平16%~18%，NND为2.3，钙0.7%，磷0.45%。加大饲料投喂，奶料比为2.5：1。提供优质干草，保证高产奶牛每天3千克羊草，2千克苜蓿草的饲喂量。

4.4.3.2 管理，应适当增加饲喂次数，有条件的牛场和奶农最好采用TMR饲养，如果没有TMR搅拌车，可以利用人工TMR。搞好产后发情检测，及时配种。

4.4.4 泌乳中期（指产后101~200天的泌乳阶段）

4.4.4.1 饲养，日粮干物质应占体重3.0%-3.2%，NND

为 2.1~2.2，粗蛋白 14%，粗纤维不少于 17%，钙 0.65%，磷 0.35%，精、粗料比为 40∶60。

4.4.4.2 管理，此阶段产奶量渐减（月下降幅度为 5%~7%），精料可相应逐渐减少，尽量延长奶牛的泌乳高峰。此阶段为奶牛能量正平衡，奶牛体况恢复，日增重为 0.25~0.5 千克。

4.4.5 泌乳后期（产后 201 天至停奶阶段）

4.4.5.1 饲养，日粮干物质应占体重的 3.0%左右，NND 为 2.0，粗蛋白水平 13%，粗纤维不少于 20%，钙 0.55%，磷 0.35%，精、粗料比以 30∶70 为宜。调控好精料比例，防止奶牛过肥。

4.4.5.2 管理，该阶段应以恢复牛只体况为主，加强管理，预防流产。做好停奶准备工作，为下一个泌乳期打好基础。

4.5 DHI 测定，指奶牛生产性能测定，每个月对牛奶产量、乳成分和体细胞数等进行测定。为奶牛场提供泌乳奶牛的生产性能数据，是奶牛选种选配的重要参考依据，同时也是提高奶牛场饲养管理水平的重要手段。

4.5.1 牛奶采样，每头泌乳牛每月采集奶样一次，采样前，应先将牛奶充分搅拌，采样管插到贮奶容器中间采样，每个样品总量应严格控制在 40mL 以内，全天早、中、晚三次挤奶分别按 4∶3∶3（早、晚两次挤奶按 5.5∶4.5）比例采集。采样时注意保持奶样清洁，切勿使粪、尿等杂物污染奶样。

4.5.2 保存，每班次采样后，立即将奶样保存在 0~5℃环境中，防止夏季变质和冬季结冰，影响检测结果的准确性。

4.5.3 送样时间，奶样从开始采集到送检测室的时间应控制在：夏季不超过 48h，冬季不超过 72h。

**5 挤奶操作与卫生**

5.1 挤奶方式与设备，我国目前的挤奶方式分为机械挤奶和手工挤奶，鼓励手工挤奶向机械挤奶转变。机械挤奶分为提桶式和管道式两种，管道式挤奶又分为定位挤奶和厅式挤奶两种。厅式挤奶主要有鱼骨式、并列式和转盘式三种类型。

5.2 挤奶设施

5.2.1 挤奶设施组成，挤奶设施包括挤奶厅、待挤区、设备室、贮奶间、更衣室、办公室、锅炉房等。

5.2.2 挤奶厅位置，挤奶厅应建在养殖场的上风处或中部侧面，距离牛舍较近，有专用的运输通道，不可与污道交叉，既便于集中挤奶，又减少污染。要避免运奶车直接进入生产区。

5.2.3 挤奶厅的环境要求和卫生控制

5.2.3.1 地面与墙面，挤奶厅应采用绝缘材料或砖石墙，墙面最好贴瓷砖，要求光滑，便于清洗消毒；地面要做到防滑、易于清洁。

5.2.3.2 排水，挤奶厅地面冲洗用水不能使用循环水，必须使用清洁水，并保持一定的压力；地面可设一个到几个排水口，排水口应比地面或排水沟表面低 1.25 米，防止积水。

5.2.3.3 通风和光照，挤奶厅通风系统应尽可能考虑能同时使用定时控制和手动控制的电风扇，光照强度应便于工作人员进行相关的操作。

5.2.3.4 贮奶间，只能用于冷却和贮存生鲜牛乳，不得堆放任何化学物品和杂物；禁止吸烟，并张贴“禁止吸烟”的警示；有防止昆虫的措施，如安装纱窗、使用灭蝇喷雾剂、捕蝇纸和电子灭蚊蝇器，捕蝇纸要定期更换，不得放在贮奶罐上；贮奶间的门应保持经常性关闭状态；贮奶间污水的排放口需距贮奶间15 米以上。

5.2.3.5 贮奶罐，外部应保持清洁、干净，没有灰尘；贮奶罐的盖子应保持关闭状态；不得向罐中加入任何物质；交完奶应及时清洗贮奶罐并将罐内的水排净。

5.2.3.6 外部环境，保持挤奶厅和贮奶间建筑外部的清洁卫生，防止滋生蚊蝇虫害。用于杀灭蚊蝇的杀虫剂和其他控制害虫的产品应当经国家批准，对人、奶牛和环境安全没有危害，并在牛体内不产生有害积累。

5.3 挤奶操作

5.3.1 健康检查，挤奶前先观察或触摸乳房外表是否有红、肿、热、痛症状或创伤。

5.3.2 乳头预药浴，对乳头进行预药浴，选用专用的乳头药浴液，药液作用时间应保持在20~30秒。如果乳房污染特别严重，可先用含消毒水的温水清洗干净，再药浴乳头。

5.3.3 擦干乳头，挤奶前用毛巾或纸巾将乳头擦干，保证一头牛一条毛巾。

5.3.4 挤去头2~3把奶，把头2~3把奶挤到专用容器中，检查牛奶是否有凝块、絮状物或水样，正常的牛可上机挤奶；异常时应及时报告兽医进行治疗，单独挤奶。严禁将异常奶混入正常牛奶中。

5.3.5 上机挤奶，上述工作结束后，及时套上挤奶杯组。奶牛从进入挤奶厅到套上奶杯的时间应控制在90秒以内，保证最大的奶流速度和产奶量，还要尽量避免空气进入杯组中。挤奶过程中观察真空稳定情况和挤奶杯组奶流情况，适当调整奶杯组的位置。排乳接近结束，先关闭真空，再移走挤奶杯组。严禁下压挤奶机，避免过度挤奶。

5.3.6 挤奶后药浴，挤奶结束后，应迅速进行乳头药浴，停留时间为3~5秒。

5.3.7 其他，固定挤奶顺序，切忌频繁更换挤奶员。药浴液应在挤奶前现用现配，并保证有效的药液浓度。每班药浴杯使用完毕应清洗干净。应用抗生素治疗的牛只，应单独使用一套挤奶杯组，每挤完一头牛后应进行消毒，挤出的奶放置容器中单独处理。奶牛产犊后7天以内的初乳饲喂新生犊牛或者单独贮存处理，不能混入商品奶中。

5.4　挤奶员要求

5.4.1　必须定期进行身体检查，获得县级以上医疗机构出具的健康证明。

5.4.2　应保证个人卫生，勤洗手、勤剪指甲、不涂抹化妆品、不佩戴饰物。

5.4.3　手部刀伤和其他开放性外伤，未愈前不能挤奶。

5.4.4　建议挤奶操作时，应穿工作服和工作鞋，戴工作帽。

5.5　生鲜牛乳的冷却、贮存与运输

5.5.1　贮运容器，贮存生鲜牛乳的容器，应符合《散装乳冷藏罐》（GB/T 10942—2001）的要求。运输奶罐应具备保温隔热、防腐蚀、便于清洗等性能，符合保障生鲜乳质量安全的要求。

5.5.2　冷却，刚挤出的生鲜牛乳应及时冷却、贮存。2h之内冷却到4℃以下保存。

5.5.3　贮存时间，生鲜牛乳挤出后在贮奶罐的贮存时间原则上不超过48h。贮奶罐内生鲜牛乳温度应低于6℃。

5.5.4　运输，从事生鲜牛乳运输的人员必须定期进行身体检查，获得县级以上医疗机构的身体健康证明。生鲜牛乳运输车辆必须获得所在地畜牧兽医部门核发的生鲜乳准运证明，必须具有保温或制冷型奶罐。在运输过程中，尽量保持生鲜牛乳装满奶罐，避免运输途中生鲜牛乳振荡，与空气接触发生氧化反应。严禁在运输途中向奶罐内加入任何物质。要保持运输车辆的清洁卫生。

5.6　挤奶设备及贮运设备的清洗

5.6.1　清洗剂的选择，应选择经国家批准，对人、奶牛和环境安全没有危害，对生鲜牛乳无污染的清洗剂。

5.6.2　挤奶前的清洗，每次挤奶前应用清水对挤奶及贮运设备进行冲洗。

5.6.3 挤奶后的清洗消毒

5.6.3.1 预冲洗，挤奶完毕后，应马上用清洁的温水(35~40℃）进行冲洗，不加任何清洗剂。预冲洗过程循环冲洗到水变清为止。

5.6.3.2 碱酸交替清洗，预冲洗后立刻用pH值11.5的碱洗液（碱洗液浓度应考虑水的pH值和硬度）循环清洗10~15min。碱洗温度开始在70~80℃左右，循环到水温不低于41℃。碱洗后可继续进行酸洗，酸洗液pH值为3.5（酸洗液浓度应考虑水的pH值和硬度)，循环清洗10~15min，酸洗温度应与碱洗温度相同。视管路系统清洁程度，碱洗与酸洗可在每次挤奶作业后交替进行。在每次碱（酸）清洗后，再用温水冲洗5min。清洗完毕管道内不应留有残水。

5.6.3.3 奶车、奶罐的清洗消毒，奶车、奶罐每次用完后应清洗和消毒。具体程序是先用温水清洗，水温35~40℃；再用热碱水（温度50℃）循环清洗消毒；最后用清水冲洗干净。奶泵、奶管、阀门每用一次，都要用清水清洗一次。奶泵、奶管、阀门应每周2次冲刷、清洗。

5.7 挤奶设备的维护，挤奶设备必须定期做好维护保养工作。挤奶设备除了日常保养外，每年都应当由专业技术工程师全面维护保养。不同类型的设备应根据设备厂商的要求作特殊维护。

5.7.1 每天检查

5.7.1.1 真空泵油量是否保持在要求的范围内。

5.7.1.2 集乳器进气孔是否被堵塞。

5.7.1.3 橡胶部件是否有磨损或漏气。

5.7.1.4 真空表读数是否稳定，套杯前与套杯后，真空表的读数应当相同，摘取杯组时真空会略微下降，但5秒内应上升到原位。

5.7.1.5　真空调节器是否有明显的放气声，如没有放气声说明真空储气量不够。

5.7.1.6　奶杯内衬/杯罩间是否有液体进入。如果有水或奶，表明内衬有破损，应当更换。

5.7.2　每周检查

5.7.2.1　检查脉动率与内衬收缩是否正常。在机器运转状态下，将拇指伸入一个奶杯，其他 3 个奶杯堵住或折断真空，检查每分钟按摩次数（脉动率），拇指应感觉到内衬的充分收缩。

5.7.2.2　奶泵止回阀是否断裂，空气是否进入奶泵。

5.7.3　每月检查和保养

5.7.3.1　真空泵皮带松紧度是否正常，用拇指按压皮带应有 1.25 厘米的张度。

5.7.3.2　清洁脉动器，脉动器进气口尤其需要进行清洁，有些进气口有过滤网，需要清洗或更换，脉动器加油需按供应商的要求进行。

5.7.3.3　清洁真空调节器和传感器，用湿布擦净真空调节器的阀、座等（按照工程师的指导），传感器过滤网可用皂液清洗，晾干后再装上。

5.7.3.4　奶水分离器和稳压罐浮球阀应确保这些浮球阀工作正常，还要检查其密封情况，有磨损时应立即更换；冲洗真空管、清洁排泄阀、检查密封状况。

5.7.4　年度检查，每年由专业技术工程师对挤奶设备做系统检查。

5.8　生鲜牛乳质量检测

5.8.1　生鲜乳化验室和检测设备，鼓励机械化挤奶厅和生鲜乳收购站设立生鲜乳化验室，并配备必要的乳成分分析检测设备和卫生检测仪器、试剂。

5.8.2 检测指标和检测方法，按照《生鲜乳收购标准》（GB/T 6914—1986）的要求对生鲜牛乳的感官指标（气味、颜色和组织状态）、理化指标（密度、蛋白质、脂肪、酸度、乳糖、非脂固形物、干物质等）进行检测。有条件的可以进行微生物指标和体细胞数的测定。

## 6 卫生防疫与保健

### 6.1 卫生防疫

6.1.1 防疫总则，严格按照《中华人民共和国动物防疫法》的规定，贯彻“预防为主”的方针，净化奶牛主要动物疫病，防止疾病的传入或发生，控制动物传染病和寄生虫病的传播。

6.1.2 防疫措施

6.1.2.1 奶牛场应建立出入登记制度，非生产人员不得进入生产区。

6.1.2.2 职工进入生产区，穿戴工作服，经过消毒间洗手消毒后方可入场。

6.1.2.3 奶牛场员工每年必须进行一次健康检查，如患传染性疾病应及时在场外治疗，痊愈后方可上岗。

6.1.2.4 新员工必须持有当地相关部门颁发的健康证方可上岗。

6.1.2.5 奶牛场不得饲养其他畜禽，特殊情况需要养狗，应加强管理，并实施防疫和驱虫处理，禁止将畜禽及其产品带入场区。

6.1.2.6 定点堆放牛粪，定期喷洒杀虫剂，防止蚊蝇滋生。

6.1.2.7 污水、粪尿、死亡牛只及产品应作无害化处理，并做好器具和环境等的清洁消毒工作。

6.1.2.8 当奶牛发生疑似传染病或附近牧场出现烈性传染病时，应立即按规定采取隔离封锁和其他应急防控措施。

6.2　消毒

6.2.1　消毒剂，应选择国家批准的，对人、奶牛和环境安全没有危害以及在牛体内不产生有害积累的消毒剂。

6.2.2　消毒方法，可采用喷雾消毒、浸液消毒、紫外线消毒、喷洒消毒、热水消毒等。

6.2.3　消毒范围，对养殖场（小区）的环境、牛舍、用具、外来人员、生产环节（挤奶、助产、配种、注射治疗及任何与奶牛进行接触）的器具和人员等进行消毒。

6.3　免疫，奶牛场应根据《中华人民共和国动物防疫法》及其配套法规的要求，结合当地实际情况，对强制免疫病种和有选择的疫病进行预防接种，疫苗、免疫程序和免疫方法必须经国家兽医行政主管部门批准。

6.4　检测及净化，奶牛场应按照国家有关规定和当地畜牧兽医主管部门的具体要求，对结核、布鲁氏菌病等动物传染性疾病进行定期检测及净化。

6.5　奶牛保健

6.5.1　乳房卫生保健，应经常保持乳房清洁，注意清除损伤乳房的隐患。挤奶时清洗乳房的水和毛巾必须清洁，建议水中加0.03%漂白粉或3%～4%的次氯酸钠等进行消毒。

6.5.2　蹄部卫生保健，保持牛蹄清洁，清除趾间污物或用水清洗。坚持定期消毒，夏、秋季每隔5～7天消毒1次，冬天可适当延长间隔。每年对全群牛只肢蹄检查一次，春季或秋季对蹄变形者统一修整。对患蹄病牛应及时治疗。坚持供应平衡日粮，以防蹄叶炎发生。

6.5.3　营养代谢病监控，高产牛在停奶时和产前10天左右作血样抽样检查，测定有关生理指标。应定期监测酮体，产前1周，产后1月内每隔1～2日监测1次，发现异常及时采取治疗措施。加强临产牛监护，对高产、体弱、食欲不振的牛在产前1

周可适当补充20%葡萄糖酸钙1~3次，增加抵抗力。每年随机抽检30~50头高产牛作血钙、血磷监测。

6.6　兽药使用准则

6.6.1　禁止使用国家明文禁用的兽药和其他化学物质；禁止使用禁用于泌乳期动物的兽药种类。

6.6.2　禁止使用未经国家兽医行政管理部门批准的药品。

6.6.3　严格按照兽药管理法规、规范和质量标准使用兽药，严格遵守休药期规定。

6.6.4　预防、治疗奶牛疾病的用药要有兽医处方，并保留备查。

6.6.5　建立并保存奶牛的免疫程序记录；建立并保存患病奶牛的治疗记录和用药记录。治疗记录应包括：患病奶牛的畜号或其他标志、发病时间及症状。用药记录应包括：药物通用名称、商品名称、生产厂家、产品批号、有效成分、含量规格、使用剂量、疗程、治疗时间、用药人员签名等。

**7　记录与档案管理**

根据农业部发布的《畜禽标识与养殖档案管理办法》和《生鲜乳生产收购管理办法》建立生鲜牛乳生产收购等相关记录制度，配备专门或兼职的记录员，并逐步建立健全档案管理制度。主要记录包括：

7.1　育种与繁殖记录

7.1.1　奶牛谱系记录

7.1.2　奶牛配种日志

7.1.3　奶牛繁殖和产犊记录

7.2　奶牛进出场记录

7.2.1　奶牛死亡、淘汰、出售记录

7.2.2　牛群异动台账

7.3　饲料、兽药使用记录

7.3.1　饲草料入库和使用记录
7.3.2　奶牛疾病和处方记录
7.3.3　兽药使用和休药期记录
7.4　卫生防疫与保健记录
7.4.1　奶牛检测和疫苗注射记录
7.4.2　隐性乳房炎监测记录
7.4.3　奶牛产后监控卡
7.4.4　牛场消毒记录
7.5　生鲜牛乳生产和收购记录
7.5.1　挤奶设备保养维修记录
7.5.2　生鲜牛乳生产记录
7.5.3　生鲜牛乳检测记录
7.5.4　生鲜牛乳贮存记录
7.5.5　挤奶、贮存、运输等设施设备清洗消毒记录
7.5.6　生鲜牛乳运输与销售记录